Carsten Bresch

Evolution

Was bleibt von Gott?

Wissen & Leben
Schattauer

herausgegeben von Wulf Bertram

Carsten Bresch

Evolution

Was bleibt von Gott?

Schattauer

Prof. em. Dr. rer. nat. Carsten Bresch
c.bresch@t-online.de

Bibliografische Information der Deutschen Nationalbibliothek
Die Deutsche Nationalbibliothek verzeichnet diese Publikation in der Deutschen Nationalbibliografie; detaillierte bibliografische Daten sind im Internet über http://dnb.d-nb.de abrufbar.

Hölderlinstraße 3, 70174 Stuttgart, Germany
E-Mail: info@schattauer.de
Internet: http://www.schattauer.de
Printed in Germany

Lektorat: Volker Drüke, Münster
Umschlagabbildung: REFORM DESIGN, Stuttgart
Satz: Bernd Burkart; www.form-und-produktion.de
Druck und Einband: AZ Druck und Datentechnik GmbH, Kempten/Allgäu

ISBN 978-3-7945-2757-1

„Lehrbücher sollen anlockend sein;
das werden sie nur, wenn sie die heiterste,
zugänglichste Seite des Wissens und
der Wissenschaft darbieten."

(Johann Wolfgang von Goethe)

75 Millionen Jahre vom Spitzhörnchen zum Menschen.
Zeichnung: © Bill Sanderson. Titelblatt des "New Scientist" am 13.05.1976.

Vorwort

Evolution – das ist die Geschichte des Universums.
Evolution – das ist weit mehr als Darwinismus, mehr als die Stammesentwicklung von Pflanzen und Tieren.

Evolution läuft in drei Phasen ab:

- einer physikalischen,
- einer biologischen
- und einer intellektuellen Phase.

Das Buch versucht, aus unüblichem Blickwinkel zusammenfassend von heutiger Wissenschaft zu berichten – und fragt nach Fundamenten von Physik und von Glauben.

Es steht gegen die Versprechungen absoluter religiöser Wahrheit, aber ebenso gegen die Sinnleere eines richtungslosen Universums.

Vermutlich werden Sie beim Lesen auf Abschnitte treffen, die Ihnen längst bekannt sind, oder auf solche, die Ihnen zu fachspezifisch scheinen. Dann sollten Sie einfach ein Stück überspringen. Jedenfalls hoffe ich, dass die meisten Leser dies oder das interessant und manches amüsant finden werden, auch wenn sie in vielem anderer Meinung sind.

Freiburg, im Frühjahr 2010 Carsten Bresch

Inhalt

Die von Wulf Bertram herausgegebene Reihe „Wissen & Leben" vereint eine Kollektion ebenso unterhaltsamer wie anspruchsvoller Essays aus den Bereichen Medizin, Psychologie, Naturwissenschaft und Naturphilosophie. Wissenschaftler von internationaler Reputation vermitteln mit Engagement (und offensichtlichem Vergnügen beim Schreiben!) die faszinierenden Ergebnisse moderner Forschung und Theoriebildung.

Die bisher erschienenen Bände der Reihe:

Valentin Braitenberg
Das Bild der Welt im Kopf – eine Naturgeschichte des Geistes

Manfred Spitzer
Aufklärung 2.0 – Gehirnforschung als Selbsterkenntnis

Peter Fiedler
Verhaltenstherapie mon amour – Mythos, Fiktion, Wirklichkeit

Johann Caspar Rüegg
Mind and Body – wie unser Gehirn die Gesundheit beeinflusst

Carsten Bresch
Die Evolution – was bleibt von Gott?

Heinz Hilbrecht
Gehirn und Meditation – alte Weisheit und moderne Wissenschaft

Prolog

Es gibt Menschen, die glauben, es hätte nie eine Evolution gegeben. Die ganze Welt sei doch von Gott so erschaffen, wie wir sie heute sehen. Andere meinen, nur die Wissenschaft würde alle Evolution erklären, und dazu würde wahrlich kein Gott gebraucht. Gott diene manchen Menschen lediglich als Werkzeug zur Errichtung ihrer Machtstrukturen.

Die meisten von uns vertreten – wenn sie überhaupt darüber nachdenken – wohl eine Meinung zwischen diesen Extremen, und davon gibt es viele Schattierungen, die als Hintergrund kurz skizziert werden sollen, bevor wir zum eigentlichen Thema, zur Evolution selbst, kommen.

Wer immer über Evolution nachdenkt, sollte dabei auf die Argumente zu einer Kernfrage achten, die sich als Angelpunkt des Denkens erweisen wird: Zeigt Evolution eine Richtung, einen Fortschritt? Oder ist sie richtungslos, nur zufallsgeworfen? Hier also das erste Kapitel:

1 Macht Schöpfung Evolution überflüssig oder die Evolution Gott?

Zwischen Schöpfung und Wissenschaft

„Die Schöpfungsgeschichte ist der wahre Inhalt der Naturforschung."

(Karl Ernst von Baer)

Wenn es je eine Schöpfung als göttliches Werk gegeben haben sollte, taucht sogleich die Frage auf: Wann ist das denn geschehen? Fand diese Schöpfung am 14. August des Jahres

3114 v. Chr. statt, auf den die alte Maya-Kultur in Mexiko den Anfang der Welt datiert, wie ihre jüngst entzifferten steinernen Inschriften berichten? Oder war es 3761 Jahre vor der christlichen Zeit, wie die jüdische Religion aus der Bibelliste der Stammväter berechnet? Oder vor 100 Tausend, vor Millionen oder gar vor 13,7 Milliarden Jahren, wie die Physiker sagen?

Wann auch immer – keineswegs ist es notwendig, eine gleichzeitige Schöpfung von Himmel und Erde, von Pflanzen, Tieren und Menschen anzunehmen. Denkbar ist doch, dass sich einzelne Teile der Schöpfung über längere Zeit erstrecken. Das formuliert auch der biblische Bericht des „Sechstagewerks", dessen Tage alle modernen Theologen als symbolische Zeitabfolge deuten.

Unabhängig von der Zeit beharren die Vertreter des sehr konservativen vorwiegend amerikanischen „Creationismus" in jedem Fall auf der Meinung, dass jede biologische Art für sich bereits fertig in ihrer endgültigen, intelligent geplanten Form durch eine ihr eigene Schöpfung entstand. Seitdem sei alles unverändert geblieben – abgesehen vom Sündenfall, der eine ursprünglich friedlich gedachte Welt in eine des Fressens und Gefressenwerdens verwandelte. Abgesehen auch von dem neuerlichen Versagen der Menschen, die Gott mit einer Sintflut bestrafte, in der er Tiere und Menschen an den Rand einer fast totalen Ausrottung führte. Unbeeinflusst von solchem Geschehen wären, nach Glauben der Creationisten, alle Tier- und Pflanzenarten unverändert von Anbeginn an.

Etwas weniger fundamentalistisch meinen viele, Schöpfungen hätten zu verschiedenen Zeiten im Laufe der Erdgeschichte stattgefunden. So könnten zum Beispiel Fische früher als Reptilien geschaffen worden sein und diese wiederum vor Säugetieren und Vögeln. Solche Vorstellungen kommen dem Evolutionsgedanken entgegen und erklären den vielfach gesicherten Befund, dass Spuren höherer Tier- und Pflanzenarten in den jeweils älteren (also weiter unten liegenden) Gesteinsschichten überhaupt nicht gefunden werden.

Um in Anbetracht solcher wissenschaftlichen Beobachtungen die biblische Vorgabe einer unwandelbaren Schöpfung aufrechtzuerhalten, entwickelte der französische Begründer der Paläontologie, George Baron de Cuvier (1769–1832), seine Theorie, nach der unser Planet mehrfach in sintflutartige Katastrophen geraten wäre, die alle oder fast alle Lebewesen ausgerottet hätten. Dann aber wären sie durch Einwanderer, die anderswo überleben konnten oder besser (wie sein Schüler d'Orbigny meinte) durch neuerliche Schöpfungen in etwas abgeänderter Form wieder erstanden. Damit blieb die Unveränderlichkeit aller Lebewesen wenigstens in den einzelnen Zeitabschnitten zwischen den Katastrophen erhalten.

Die meisten Vorstellungen kommen aber der Evolutionslehre noch weiter entgegen. Sie erkennen Verzweigungen der Arten im Stammbaum der Organismen und interpretieren diese religiös als *„evolution as the method by which God works"* (so James McCosh, der Präsident des Princeton-Colleges im Jahr 1888). Gott wirke also durch Evolution. In theologischer Sprache ist das eine „creatio continua", eine fortgeführte Schöpfung.

Schließlich kann der Beginn alles Lebendigen auf die Erschaffung eines einzigen Urlebewesens konzentriert werden, das zum Ausgang aller Flora und Fauna wurde. Johann Wolfgang von Goethe dachte wohl so.

Darüber noch hinaus geht die Vorstellung von einer zentralen Urschöpfung von Himmel, Erde und Leben. Diese führt umfassend die Evolution des gesamten Universums, also von Materie, Leben und Geist auf nur einen einzigen, unvorstellbar gewaltigen Schöpfungsakt am Anfang aller Entwicklung zurück. Das ist dem Bibelbericht durchaus verwandt, unterscheidet sich jedoch darin, dass die Schöpfung der Bibel ein fertiges Universum (von Spiralnebeln bis zum Menschen) beschreibt, während diese Deutung das Universum unfertig, das heißt in dauernder Entwicklung sieht. Hierfür sind alle Eigenschaften der Natur planvoll so gestaltet, dass sich alles Geschehen des Kosmos von selbst ohne späteres Eingreifen von außen entwickelt. In den Eigenschaften der Elementarteilchen ist die Entstehung von Galaxien und Sonnensystemen ebenso vorgegeben wie die der molekularen Komplexität, die erst zum Leben führt und dann in die Entwicklung einer geistigen Welt mündet. Naturgesetze und Eigenschaften der Materie sind so aufeinander abgestimmt, dass spontan eine stufenförmige Entwicklung zu immer komplexeren Gebilden beginnt. Die Welt wurde „auf Schienen gesetzt", die ganz von selbst zu fühlenden und denkenden Wesen führen.

Solche Gedanken sind Teil des so genannten „De-ismus" (von lat. deus [Gott]) – im Gegensatz zum The-ismus (von gr. theos [Gott]) –, einer vor allem in England und Frankreich verbreiteten Gottesvorstellung der Aufklärung, die nach der Schöpfung ein weiteres Eingreifen eines als Person gedachten Gottes in den Ablauf der Welt ebenso ablehnt wie eine Offenbarung Gottes durch Wunder oder die Worte eines menschlichen Propheten. Voltaire in Frankreich und Friedrich der Große, König von Preußen, sowie Lessing und Reimarus in Deutschland waren Deisten.

Ganz ohne einen Schöpfergott kommen die Atheisten aus. Nach ihnen sind die Gesetze der Natur ebenso wie alle Eigenschaften der Materie eben von Anbeginn an vorgegeben. Die gesamte Evolution des Universums läuft spontan und zufällig ab, ohne Beteiligung einer transzendenten Sphäre – ohne Gott, ohne Plan, also auch ohne Sinn. Fragen nach dem Warum – nach einer Richtung, einem Ziel – des Ganzen sind nicht fruchtbar, denn die sich dadurch einschleichenden religiösen Vorstellungen wären nur eine gut gemeinte Selbsttäuschung und würden keinerlei tiefere Einsicht liefern. Ein Gott wird nicht gebraucht, sagte schon Laplace.

Ohne Kommentar (Virginia/USA)

2 Wozu brauchte Aristoteles die Zähne des Empedokles?

Historisches zum Evolutionsgedanken

„Das verborgene und verschlossene Wesen des Universums hat keine Kraft, die dem Mute des Erkennens Widerstand leisten könnte."

(Georg Wilhelm Friedrich Hegel)

Damit alles seine Ordnung hat, sollte ein Buch über Evolution, über die Veränderungen des Universums und unserer Welt im Laufe der Zeit, wohl mit einem Blick auf die Entwicklung des menschlichen Denkens zu dieser Frage beginnen. Hier also einige Stichworte zur Geschichte:

Aus mythisch-religiöser Symbolwelt des alten Europas lösen sich die Philosophen Griechenlands. Sie legen die Grundsteine des erwachenden naturwissenschaftlichen Denkens. So meint im 6. vorchristlichen Jahrhundert Pherekydes aus Syros, Zeus habe bei der Erschaffung der Welt allen Dingen das Streben nach Vereinigung eingepflanzt. Thales lehrt in Milet, alles sei aus einem Urstoff, dem Wasser, geformt. Sein Schüler Anaximander erklärt, die ersten Lebewesen seien im Feuchten entstanden, Menschen hätten sich in den Leibern von Fischen entwickelt und seien dort herangereift und dann aufs Land gestiegen – Fische seien also die Vorfahren des Menschen.

Xenophanes sagt, alles Entstandene müsse auch wieder vergehen. Er findet versteinerte Muscheln und Abdrücke von Fischen in Steinbrüchen und deutet sie ganz im Sinne heutiger Paläontologie. Zugleich verspottet er in Gedichtform die menschengemachten primitiven Vorstellungen von griechischen Göttern:

„Hätten die Ochsen, Rosse und Löwen Hände und könnten malen und Werke sie schaffen und bilden gleich Menschen, dann würde das Pferd wie ein Ross und ähnlich dem Ochsen der Ochse seine Götter gestalten und Körper würden sie bilden, so wie jegliches selbst das eigene Aussehen kennt."

Kam nicht auch Moses vom Berg und sagte, der Mensch solle sich kein Bild von Gott anfertigen und keine Beschreibung Gottes geben mit Worten, die sonst für Menschen benutzt werden? (2. Buch Mose 20,4)

Die Erkenntnis des ständigen Wandels der irdischen Welt fasst Heraklit in dem bekannten pánta rhei (= alles fließt) zusammen. Er sieht im Feuer den Urstoff der Welt und erklärt Kampf und Krieg zum Vater aller Dinge.

Der schon damals oft geäußerten Vermutung, hinter der Zweckmäßigkeit des Lebendigen stecke ein Plan, widerspricht Aristoteles (Physicae auscultationes, II, 8). Gegen solche bequeme Erklärung führt er die Zähne an: „*Könnte nicht*", so sein Argument, „*die zweckmäßige Einteilung des Gebisses in Schneide- und Backenzähne ganz natürlich durch Zufall entstanden sein? Könnte es sich dann nicht einfach erhalten haben, weil es so zweckmäßig war und bessere Überlebenschancen bot?*" Aristoteles folgt dabei Empedokles, der mit dem Argument der Zähne widerlegt hatte, dass Kentauren mit Menschenkopf auf einem Tierleib existieren könnten. Denn wie sollte ein menschliches Gebiss die nötige Nahrung für ein Pferd zerkleinern?

Jahrhunderte später fasst der römische Philosoph Lukrez (um 97–55 v. Chr.) das Gedankengut der Griechen in dem Gedichtwerk „Über die Natur der Dinge" zusammen. Er nimmt darin den wesentlichen Kern heutigen Evolutionsdenkens vorweg: Stärke, Schnelligkeit und Klugheit würden das Überleben von Tieren gegen deren Aussterben sichern. Lukrez beschreibt den Kampf ums Dasein in einem gänzlich modernen Bild der Selektion.

Dann bemächtigt sich wieder Religion allen Denkens. Evolution gerät jahrhundertelang in Vergessenheit. Geistiges Leben wird ausschließlich geistliches Leben und findet nur in Klöstern statt. Der Dominikaner Thomas von Aquin (1225–1274) schlägt wieder die Brücke zu Aristoteles, dessen Werke – zumindest in großen Stücken – ebenso wie viele andere griechischer Philosophie nur durch die Kultur der arabischen Welt überliefert und so der Menschheit erhalten wurden. Aquinas erweitert und gestaltet so das Gedankengut der christlichen Kirche. Wenig später forderten die Franziskaner Duns Scotus und William Ockham die Trennung des religiös-dogmatischen von kritisch philosophisch-analytischem Denken. Ockham wird exkommuniziert – erstes Wetterleuchten.

W. Nestler (© AGEMUS)

Dann, 1543, erlaubt Kopernikus auf dem Totenbett schließlich den Druck seines wahrhaft revolutionären Werkes „De Revolutionibus Orbium Coelestium", das die Erde aus dem

Mittelpunkt des Alls stößt und die beschauliche Selbstsicherheit der christlichen Welt das erste Mal in den Grundfesten erschüttert. Nach vergeblichen Versuchen, Giordano Bruno in achtjähriger Inhaftierung zum Widerruf seiner Thesen eines unendlichen Universums mit vielen belebten Welten zu bringen, beginnt am 17. Februar 1600 mit seinem Tod auf dem Scheiterhaufen endgültig der Kampf zwischen Kirche und Naturwissenschaft. Sein Schicksal bleibt lebenslange Warnung für Galilei, der wie Bruno das Planetensystem des Kopernikus vertritt. Galilei widerruft – er ist ein Genie, kein Held. Bert Brecht lässt ihn sagen: *„Traurig das Volk, das Helden nötig hat.“*

Fast zwei Jahrtausende lang werden alle Gedanken an Veränderungen der einmal erschaffenen Welt durch christliches Dogma verhindert. Die Welt ist statisch – sie ist doch gut – von Anfang an. Dann aber breitet sich eine geistige Unruhe in Europa aus – in zahlreichen Köpfen formt sich Neues. Es sind viele bedeutende Männer, unter ihnen Kant, Goethe, Herder in Deutschland, Erasmus Darwin (Großvater von Charles), Malthus in England und Laplace sowie Jean Baptiste Lamarck in Frankreich und viele mehr. Kant publiziert 1755 seine Theorie des Himmels, nach der sich Sterne und Planetensysteme aus drehenden Nebeln entwickeln. Es ist der älteste und bis heute gültige Teil der Evolutionslehre. Im biologischen Bereich forscht Goethe („Metamorphose der Pflanzen“), in freundschaftlichem Kontakt zum evangelischen Generalsuperintendenten Johann Gottfried Herder („Ideen zur Philosophie der Geschichte der Menschheit“, 4 Teile: 1784–91).

Erasmus Darwin (1731–1802), der leider viel zu wenig bekannte Großvater des allgemein verehrten Charles Darwin, ist ein Denker mit weitem Horizont. Er ist in seltener Kombination und Perfektion zugleich breitgefächerter Naturwissenschaftler und Poet sowie weithin anerkannter Arzt, der es mehrfach ablehnte, die Position eines Leibarztes seines Königs Georg III. anzunehmen. Manche seiner Zeitgenossen bedauern nur, dass dieser fähige Arzt und umfassende Denker sich auch mit so merkwürdigen technischen Erfindungen beschäftige wie der Konstruktion von horizontalen Windmühlen als Entwässerungspumpen. Auf die Frage, ob sein Stottern nicht hinderlich wäre, reagiert er mit der Bemerkung: *„No, Sir, because I have time to think before I speak, and don't ask impertinent questions" („Es gibt mir Zeit zu denken, bevor ich antworte und unverschämte Fragen stelle").*

All das in Ehren, aber uns interessieren seine Bücher, besonders sein letztes („The Temple of Nature or The Origin of Society"), deren altertümliche Versform ergänzt wird durch Prosa-Notizen im Anhang, die manchen seiner Gedanken zur Evolution deutlicher machen als die Verse. In vorsichtigen Worten erklärt er als Fragesatz:

> *„Sollen wir (...) vermuten, dass ein und dieselbe Art von lebendem Filament der Ursprung des gesamten organischen Lebens gewesen sei und noch ist?"*

Sein Interesse greift weit über den Rahmen der Biologie hinaus. So diskutiert er die Anfänge von Sprache und ihre Rolle für die frühe Menschengruppe. Natürlich schließt er auch die Evolution des Menschen ein, *„so dass die Affen durch die damit erhöhte Tätigkeit des Tastsinns klare Ideen erhielten und allmählich zu Menschen wurden"*. Wen wundert es, dass sein Name auf der Liste der verbotenen Bücher des Vatikans stand? (Übrigens nicht der seines immer vorsichtigen Enkels Charles, für den zum 200. Geburtstag im Vatikan 2009 sogar eine Messe gelesen wurde.) Nicht nur in solchen Anspielungen, sondern in langen Darlegungen erklärt

Erasmus Darwin alle Veränderungen der Lebewesen (ähnlich wie wenige Jahre später Lamarck) als Anpassung durch inneren Trieb und Wunsch sowie als Stärkung durch den Gebrauch der Organe.

Seine Religiosität ist deistisch, wie folgendes Zitat zeigt:

> *„Welch eine erhabene Idee von der unendlichen Macht des großen Architekten! Der Ursache aller Ursachen! Des Vaters aller Väter! Des Ens Entium! Denn wenn wir das Unendliche vergleichen wollen, so möchte wohl ein größeres Unendliches der Kraft dazu erforderlich sein, die Ursachen der Wirkungen zu verursachen, als nur die Wirkungen selbst."*
>
> (Erasmus Darwin, zit. nach Krause 1880, S. 162)

Es ist 1803, ein Jahr nach dem Tod von Erasmus Darwin, als der französische Naturforscher Jean Baptiste Lamarck die Frage nach der Ursache für den langen Hals der Giraffe stellt. Der Wunsch der Giraffe und der ständige Gebrauch, meinte er, hätten ihr den langen Hals beschert. Zeit und günstige Umstände würden alle Wesen der Natur erzeugen, und Zeit sei ja grenzenlos, immer verfügbar. Er schreibt wörtlich:

> *„Es scheint mir, als höre ich jene kleinen Insekten sprechen, die nur ein Jahr leben und irgendeinen Winkel eines Gebäudes bewohnen. (...) Wenn sie in ihrer vergänglichen Geschichte 25 Generationen zurückgingen, würden sie einstimmig feststellen, das Haus, das ihnen Schutz bietet, dauere ewig oder habe wenigstens immer bestanden."*
>
> (Lamarck 1803, S. 103)

Dass die Welt heute im Wesentlichen so ist, wie sie gestern war, besagt ja keineswegs, dass über lange Zeiträume hinweg alles unverändert bliebe. Lamarck versucht, die Änderungen der Arten aus deren innerem Trieb zur Vervollkommnung zu erklären. Er ist überzeugt, dass der Gebrauch von Organen diese verstärken und entwickeln würde, während deren Nichtgebrauch zu ihrer Verkümmerung bzw. Abschwächung führen sollte. Sein Irrtum liegt in der Annahme, dass solche für den Körper eines Individuums wohl zutreffenden Beobachtungen sich auch in dessen Erbgut dauerhaft verankern würden. Bitte stellen Sie sich vor: Durch häufiges Kaugummi-Kauen sollen sich in Ihren Keimzellen Nukleotidsequenzen der DNA gerade an den richtigen Stellen derart verändern, dass Ihre Kinder größere Zähne bekämen – mit der Kenntnis heutiger Molekularbiologie ein völlig absurder Gedanke.

Diese Vorstellung einer gezielten Erbveränderung durch Wunsch oder Gebrauch wird unter dem Begriff „Lamarckismus" zusammengefasst. Sie wird erst etwa 100 Jahre später durch den Freiburger Zoologen August Weismann endgültig als Irrtum nachgewiesen. Seitdem gilt „lamarckistisch" unter Biologen unglücklicherweise als Abwertung. Das hat Lamarck nicht verdient.

Charles Darwin übernahm von Lamarck die richtige Beobachtung des Artenwandels, aber auch die falsche Annahme der Vererbung erworbener Eigenschaften, verfing sich dann jedoch in krausen Argumenten als Begründung. Er spürte selbst, dass er die Änderung der Arten noch nicht richtig verstanden hatte. Er konnte es auch noch nicht verstehen, denn dazu fehlten die Kenntnisse von Erbsubstanz und deren Mutation. Darwins Unsicherheit trug sicher wesentlich dazu bei, eine Veröffentlichung seiner Gedanken über Jahrzehnte hinauszuzögern. (Mendel hatte ihm zwar seine Arbeit über Pflanzenkreuzungen geschickt, aber Darwin hatte die

Publikation eines böhmischen Mönchs wegen ihrer deutschen Sprache wohl nicht gelesen oder deren Bedeutung nicht erkannt.) Darwin war seit seiner Südamerika-Reise über Jahrzehnte von einem problematischen Leiden geplagt, das er sich möglicherweise in den Tropen zugezogen hatte.

Wenn hier von Darwins Problemen die Rede ist, muss unbedingt auch Alfred Russel Wallace genannt werden, der Darwin sicher schlaflose Nächte bereitet hat. Wallace, ein junger Naturforscher, hatte zwölf Jahre im Amazonasgebiet und dann vor allem auf dem Malayischen Archipel zugebracht. Bei seinem Studium von Land und Leuten, von Flora und Fauna, hatte er völlig unabhängig von Darwin die Selektion als den Mechanismus der Artenentstehung entdeckt. Voller Enthusiasmus schrieb er darüber einen Aufsatz, den er 1858 dem damals durch seine Südamerika-Reise (Galapagos) schon weit bekannten Charles Darwin mit der Bitte um Kritik und Weiterleitung respektvoll übersandte.

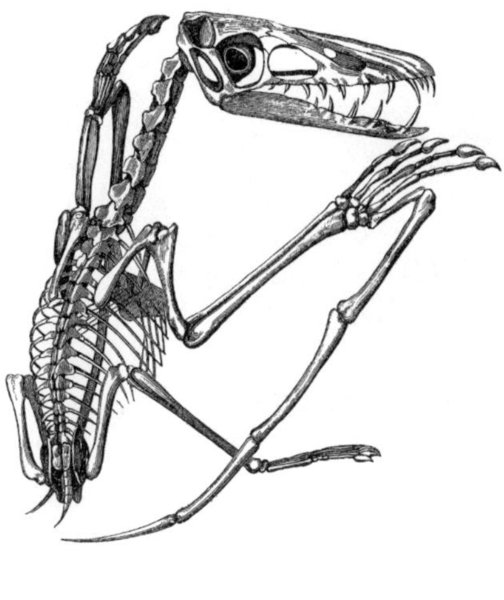

Pterodactylus crassirostris. Aus Carl Vogts Übersetzung der „Vestiges" von Robert Chambers, Vieweg Verlag, Braunschweig 1851.

Eingeborene der Aru-Inseln jagen Paradiesvögel
(aus A. R. Wallace: „Der Malayische Archipel“, 1869)

Darwin war zutiefst aufgewühlt. Dieser Artikel enthielt genau die Erkenntnis, die er selbst seit Jahrzehnten mit sich herumtrug: die Entstehung der Arten durch natürliche Selektion. Darwin, der schon einige Semester Medizin, dann aber Theologie studiert hatte, zögerte, seine Ideen zu veröffentlichen; denn er ahnte, welch geistiges Erdbeben diese revolutionäre Erkenntnis in kirchlichen Kreisen auslösen würde. Im ganz persönlichen Umkreis fürchtete er zudem, religiöse Gefühle seiner recht bibeltreuen Ehefrau zu verletzen.

Hin- und hergerissen zwischen der Fairness einem jungen Kollegen gegenüber, dem Ehrgeiz des stolzen Entdeckers und den Befürchtungen, gesellschaftlich mit seinen unkonventionellen Gedanken Anstoß zu erregen, suchte er Rat und Hilfe zweier wissenschaftlicher Freunde. Gemeinsam fand man schließlich den Kompromiss, Wallace' Artikel neben einem Aufsatz von Darwin in der Sitzung der Linnéschen Gesellschaft am 1. Juli 1858 vorzutragen. Weder Darwin noch Wallace waren anwesend. Es hat zwischen den beiden Entdeckern wohl kaum Rivalität gegeben. So prägte der stets bescheidene Wallace respektvoll selbst den Begriff „Darwinismus".

Darwins Vorsicht oder Rücksichtnahme auf kirchliche Kreise zeigt sich nochmals, als am 24. November 1859 seine Ideen endlich in voller Länge in seinem Buch „The Origin of Species by Means of Natural Selection" veröffentlicht wurden. Auf der vorletzten Seite dieses weltgeschichtlichen Werks steht der zurückhaltende Satz: „Licht wird fallen auf den Ursprung der Menschheit und ihre Geschichte." (Eine Erstausgabe dieses zuerst in 1250

Kopien erschienenen Buchs wurde im November 2009 für 114 Tausend € versteigert.)

Interessanterweise kam das Wort „Evolution“ nicht ein einziges Mal in dem Text vor. Darwin benutzte den Begriff erst 1871 in seinem Buch zur Entstehung des Menschen, in dem auch er sich zur letzten Konsequenz bekannte, die eine Reihe anderer Autoren schon Jahre zuvor gezogen hatten.

Wie erwartet, waren viele entsetzt. Die Frau des Bischofs von Worcester soll gesagt haben: *„Lasst uns hoffen, dass es nicht wahr ist, dass wir vom Affen abstammen – aber falls doch: Lasst uns beten, dass es sich nicht herumspricht.“*

Beide, Darwin und Wallace, waren in ihrem Selektionsdenken beeinflusst durch Thomas Robert Malthus (1766–1834), Theologe und Sozialforscher, der den Zusammenhang der Grenzen von Nahrungsproduktion und Bevölkerungswachstum analysiert hatte. Fraglich bleibt, ob Wallace von Robert Chambers (1802–1871), einem englischen Journalisten und Verleger beeinflusst worden war, der 1844, also 15 Jahre vor den eben geschilderten Ereignissen, verwandte Ideen in seinem in zwölf (!) Auflagen verbreiteten Buch „Vestiges of the Natural History of Creation“ publiziert hatte (deutsche Auflagen 1851 und 1858 durch Carl Vogt). Darwin hatte Chambers’ Buch wohl mit einigem Entsetzen gelesen. War ihm da ein Unbekannter zuvorgekommen? Dann tröstete er sich damit, dass dieses Buch keineswegs seriös wissenschaftlich durchdacht und beweiskräftig war.

Noch einmal zurück zur Giraffe. Der Hals der Giraffe hat sich angepasst, das sagt auch Darwin. Wir müssen fragen: Wessen Hals passt sich an? Der des einzelnen Tieres oder die Hälse der Tierart? Was verursacht Anpassung? Was ändert sich bei solcher Anpassung? Passt sich an – an was? Und schließlich: Ist solche Anpassung eine Höher-Entwicklung, ein Fortschritt der Art?

Diskutieren wir die Anpassung der Ohren von Füchsen. Füchse gibt es in Wüstengegenden, in unseren Breiten und auch im Polargebiet. Füchse hören überall gleich gut. Die Anpassung bezieht sich also auf die Ohrform, nicht auf die Hörleistung. Ihre Ohren sind dem Klima des jeweiligen Lebensraums „angepasst": groß und dünn im Wüstenbereich (leichte Wärmeabgabe), von mittlerer Gestalt bei uns und klein und gedrungen als Kälteschutz beim Polarfuchs.

Günter Osche, Evolution. Reihe studio visuell (© Verlag Herder GmbH, Freiburg im Breisgau, 10. Aufl. 1979)

Auch wenn man sie alle in den gleichen Zoo brächte oder frierende Wüstenfüchse ins Polareis, änderten sich ihre Ohren nicht. Die Unterschiede sind festgelegt in ihrem Erbgut, sind typisch für die Art, nicht für den augenblicklichen Aufenthaltsort von Individuen. Biologisch erbliche Anpassung kann nur eine Art betreffen, nie ein Individuum. Umgekehrt ist kulturelle Anpassung eine Anpassung von Individuen, nicht von Arten.

Die Anpassung der Ohren der Füchse erfolgte über viele Generationen hinweg. In dieser Zeit haben sich im Erbgut zufällige Änderungen (Mutationen) ereignet und aufgesammelt, die in kleineren oder größeren Schritten schon die Ohrformen der Vorfahren den Ohrformen der jetzigen Arten mehr und mehr angenähert hatten. Anpassung ist etwas Genetisches und daher Stabiles, wenn auch ein recht langsamer Prozess. Dabei ist Anpassung niemals abgeschlossen, vollendet, da sich die Umwelt, zu der ja auch die eigenen Artgenossen gehören, kontinuierlich weiter verändert.

Anpassen heißt in jedem Fall, unter den jeweils vorhandenen Bedingungen möglichst geeignet (überlebenstüchtig) zu werden. Damit ist gelegentlich, aber keineswegs immer eine „Höher-Entwicklung“ verbunden. Man findet manchmal sogar das Gegenteil, dass also schon Erworbenes wieder degeneriert. Beispiele dafür bieten Parasiten oder Molche ohne Augen in lichtlosen Höhlen. Bei allen Organismen treten durch fehlerhafte Replikation der Erbanlagen immer wieder Defekte auf, die jedoch meist durch Selektion schnell wieder ausgemerzt werden. So hält Selektion gewissermaßen die Art stets „gesund“. Im Falle der Augenlosigkeit war dies in völliger Dunkelheit jedoch kein Nachteil und blieb so erhalten.

Ein anderes Beispiel sind nicht-flugfähige Fliegen auf kleinen, sehr windigen Inseln. Zweifellos ist auch das ein Defekt, ein Rückschritt – normalerweise also eine tödliche Abweichung. Hier aber ist diese Degeneration sogar ein Vorteil, da solche nur krabbelnden Tiere den Normaltieren, die ins Meer geblasen werden, überlegen sind.

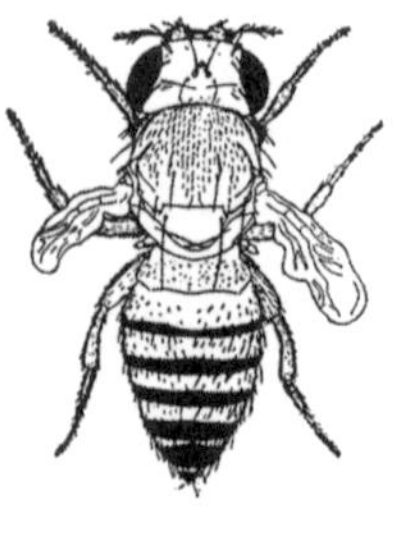

Diese Fliegen sind auch ein schönes Beispiel, um zu erkennen, dass das bekannte englische Schlagwort vom

„survival of the fittest“ nicht als „Überleben des Stärkeren“ übersetzt werden sollte. Die flügellosen Fliegen sind fit – lebensfähig, in ihre Welt passend. Auch die Übersetzungen „Der Tüchtigere überlebt“ im „Kampf ums Dasein“ sind als Verallgemeinerung nicht glücklich. Sind Bakterien tüchtiger als Dinosaurier? Das englische Original „struggle for existence“ kann oft nicht als „Kampf ums Dasein“ übersetzt werden, sondern als „Sich-Abrackern im Leben“.

Übrigens: Der Ausdruck „survival of the fittest“ zur Beschreibung der Selektion stammt nicht von Darwin, sondern von seinem Zeitgenossen, dem englischen Evolutionsphilosophen Herbert Spencer. Darwin hat es erst später – ohne Begeisterung – übernommen.

Und noch ein Schluss zum Schmunzeln:

3 Was hat die ungarische Eisenbahn in diesem Buch zu suchen?

Jetzt gehen wir mitten ins Zentrum der Evolution und klären Begriffe wie

Chaos, Ordnung, Complexum und Information

– auch, wenn die nächsten Seiten nach trockener Theorie duften.

> *„,When I use a word',“ Humpty Dumpty said in a rather scornful tone, „,it means just what I choose it to mean neither more nor less.'“*
>
> (Lewis Carroll)

Chaos ist das totale Durcheinander oder – wissenschaftlich formuliert –: die völlige Beziehungslosigkeit unter einer Menge von Elementen (Bausteinen). Es gibt zwischen diesen also keinerlei Verbindungen oder Verknüpfungen, weder räumliche noch andere Beziehungen (allgemeiner Begriff: Relationen). In der realen Welt gibt es natürlich kein ideales Chaos. Das verhindern schon die Kräfte der Gravitation (Massenanziehung).

In einem Chaos können keine „Fehler" vorkommen, da alle Möglichkeiten gleichberechtigt, zufällig und beziehungslos sind. Man könnte höchstens von der „Größe des Chaos" reden, wenn damit die Zahl und/oder die Verschiedenheit der Elemente gemeint ist, die das Chaos bilden.

Auch der Gegenbegriff **Ordnung** ist nur ein gedanklicher Extremfall, der in der realen Welt lediglich in Annäherung existiert, z. B. in Kristallen. Ordnung ist weder in der Biologie noch in der Physik eindeutig definiert. Unser Sprachgefühl hat dabei intuitiv zwei verwandte, aber nicht gleiche Bedeutungen im Sinn – im Griechischen wohl „Kosmos" und „Taxis", beide im Gegensatz zum (ebenfalls griechischen) „Chaos".

„Kosmos" – die „Ordnung" der Welt, auch Zierde, Schmuck – meint ein reibungsloses planvolles Funktionieren in Diszipliniertheit und Harmonie.

„Taxis" ist auch Schlachtordnung, ist Einfügung von Elementen in ein Schema von Regeln oder Gesetzmäßigkeiten, die eine Menge von Elementen beherrschen, kurz: Jedes Ding sei an seinem Platz. Im Falle von Ordnung (= Taxis) bestehen nicht nur zwischen den Elementen Relationen, sondern zwischen deren Relationen selbst wieder Relationen höherer Stufe usw., bis schließlich eine Stufe nur noch mit Äquivalenzrelationen erreicht ist. Da beliebig viele Systeme von Gesetzen oder Regeln denkbar sind, gibt es auch entsprechend viele Möglichkeiten von Ordnung. Bei all diesen lassen die Regeln bestimmte Freiheiten nicht zu. Daher kann man Fehler erkennen, wenn irgendwo gegen die jeweilige Ordnung verstoßen wurde.

In einer Bibliothek wird das anschaulich: Man kann Bücher nach Sachgebieten, nach Autoren-Alphabet, nach Verlagen, nach Erscheinungsdatum, nach Größe oder gar nach Erwerbsdatum aufstellen. Fast in allen Bücherregalen findet man eine Kombination solcher Kriterien.

Außer Chaos und Ordnung gibt es noch ein Drittes, bedeutender als diese zwei. Nicht Chaos, nicht irgendeine Ordnung – also was? Früher (in meinem Buch „Zwischenstufe Leben") habe ich neben oder besser: *über* den Begriffen von Chaos und Ordnung als dritten Begriff „Muster" benutzt. Für diese „Muster" möchte ich jetzt ein anderes Wort verwenden, weil alltägliche Ausdrücke wie „Muster ohne Wert", „musterhafte Ordnung" oder „Dieses Muster ist chaotisch" Missverständnisse erzeugen und das Verstehen des wirklich Gemeinten behindern. Die Benutzung von Wörtern unserer Alltagssprache in wissenschaftlichem Kontext führt zu Verwirrung. Ein ungewohntes oder weniger gewohntes Fachwort stellt auch im Kopf eines Autors den gewollten wissenschaftlichen Sinngehalt deutlicher heraus. Deswegen möchte ich den Begriff „Muster" ersetzen durch den Begriff

Complexum.

„Komplex" wäre zwar etwas handlicher, aber auch dieses Wort begegnet uns im täglichen Dasein als „Gebäude-Komplex" oder in der abfälligen Bemerkung „Ach, das sind nur seine Komplexe". Ich habe deshalb die lateinische Form Complexum, das Zusammengesetzte (Plural: Complexa), gewählt. Dieser Begriff kommt dem zu Beschreibenden am nächsten und schafft eine Verbindung zur „Complexification" (das Immer-komplexer-Werden), ein Zentralbegriff des Evolutionsdenkers und Jesuitenpaters Teilhard de Chardin.

Um nicht länger in Nebeln zu reden, hier erst einmal zur Veranschaulichung diese Beispiele:

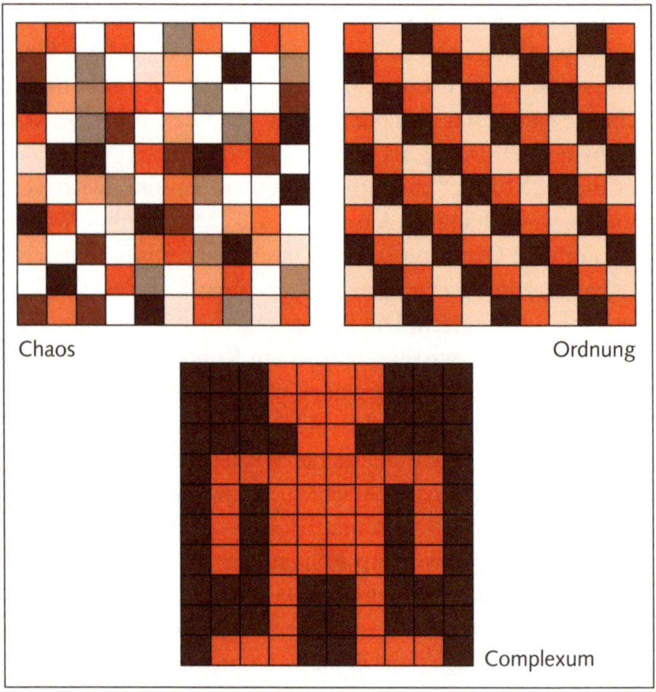

Ein Complexum ist ein Gebilde aus gleichen oder verschiedenen Bausteinen (Elementen), zwischen denen räumliche Beziehungen, Verknüpfungen oder irgendwelche Verbindungen bestehen (allgemein wieder: Relationen). Die Anzahl und Art seiner Elemente sowie die Anzahl und Art seiner oft sehr verschiedenen Relationen zwischen den Elementen charakterisieren ein Complexum als eine zusammengesetzte **Ganzheit**. Diese folgt im Gegensatz zur Ordnung (= Taxis) nicht bestimmten Regeln oder Gesetzmäßigkeiten, sondern ist definiert durch den Sinn oder den Funktionszusammenhang ihrer Gesamtheit. Beispiele für Complexa gibt es unzählige:

ein Kaktus, ein Hund, eine Uhr, ein Buch, auch ein Haus, ein Gedicht, ein Theaterstück, das Oratorium „Die Schöpfung" von Joseph Haydn oder die kindliche Stickerei-Übung meiner Ururgroßmutter aus dem Jahr 1819.

Complexa können also lebendig, aber auch unbelebt sein. Es können Moleküle oder beliebige Erzeugnisse menschlicher Kultur sein. Zur Verdeutlichung der Tatsache, dass auch bei gleichem Bausteinbestand allein unterschiedliche Anordnungen unterschiedliche Relationen, also verschiedene Complexa mit verschiedenen Eigenschaften darstellen, denke man an die Isomere der Chemie als einfache molekulare Beispiele. Trotz genau gleicher Anzahl und Art der Bausteine zeigen sie verschiedene chemische Eigenschaften. So gilt die chemische Gesamtformel C_2H_6O sowohl für Dimethyläther als auch für Äthanol.

Dimethyläther Äthanol

Auch Worte einer Sprache, zusammengesetzt aus Lauten bzw. Buchstaben, sind nichtmaterielle Complexa, weil sie Sinn tragen. Auch bei ihnen liefern verschiedene Anordnungen unterschiedliche Bedeutungen, zum Beispiel:

TON und **NOT**
oder **BEIL**, **BLEI**, **LEIB**, **LIEB**.

ILEB oder BELI wären danach keine Complexa, sondern nur Reihen von Buchstaben. Das Gleiche gilt erst recht für ganze Sätze. Sinn oder Funktion sind entscheidend.

Wie man sieht, sind nicht alle Complexa konkret, materiell. Viele Complexa sind abstrakt. Dennoch – und das ist sehr wichtig – können alle Complexa nur in Verbindung mit Materie existieren; sei es mit einem Notenblatt oder als Schall in den Luftmolekülen. Wer meint, es könnten doch auch abstrakte Ideen einfach so losgelöst von allem existieren, vergisst, dass solche Vorstellungen in Gehirnen lokalisiert sind, die ja auch aus Materie bestehen.

Die Rechtfertigung, hier so ausführlich den Begriff „Complexum" zu diskutieren, lässt sich schnell geben:

> Die Welt um uns besteht aus Complexa. Sie ist – wie wir sehen werden – sogar eine Welt des Wachstums von natürlichen und menschengemachten Complexa.

Teilhard hätte wohl kürzer formuliert: Weil unser Universum ein Universum der Complexification ist.

Wenn wir hier immer wieder von Komplexität reden, sollte man fragen, ob und wie man die Größe einer Komplexität messen kann. Es gibt dafür keine offizielle Maßeinheit. Man muss sich zufrieden geben mit der Aussage: Die Komplexität sei umso größer, je länger man reden müsste, um eine vollständige Beschreibung zu geben, bzw. je mehr Buchseiten dazu nötig wären. Ein gleiches Maß gilt auch für die gerade definierten Complexa selbst. Sind diese materiell, so kann man auch die Zahl der beteiligten Atome abschätzen, doch nimmt das – wie die Beschreibung eines Buchs durch die Anzahl seiner Buchstaben – keine Rücksicht auf den Inhalt und ist daher zwar einfach, aber wenig befriedigend.

Obwohl alles Wichtige unserer materiellen und geistigen Welt aus Complexa besteht, wird dieser Begriff selten benutzt. Vermutlich, gerade **weil** er so universell ist und daher wenig fruchtbar scheint. Dabei diskutiert ihn bereits Aristoteles in seiner „Metaphysik“:

> „*Das, was aus Bestandteilen so zusammengesetzt ist, dass es ein einheitliches Ganzes bildet, nicht nach Art eines Haufens, sondern wie ein Wort*[1]*, das ist offenbar mehr als bloß die Summe seiner Bestandteile.*“
>
> „Metaphysik“, Buch VII (17; 1041 b)

---

[1] Bei Aristoteles steht συλλαβή (= allgemein: das Zusammengesetzte, auch: die Silbe).

In diesem Buch wird häufig von Information gesprochen. In welcher Beziehung steht dieser Begriff zu denen von Evolution und Complexum?

Information ist in der Naturwissenschaft ebenso schwierig definierbar und facettenreich wie der wohl analoge Begriff „Geist“ in den Geisteswissenschaften. Entsprechend sind Definitionen der Information ähnlich zahlreich und vom Arbeitsgebiet abhängig:

Information ist in der Wahrscheinlichkeits-Mathematik „das Maß für die Wechselwirkung zwischen Zufallsgrößen“, in der Nachrichtentechnik „die Abweichung der Signalverteilung vom statistischen Mittelwert“.

Karl Steinbuch erklärt: *„Information ist, was am Buch noch fehlt, wenn Druckerschwärze und Papier vorhanden sind.“*

Und Carl Friedrich von Weizsäcker: *„Information ist, was Information erzeugt.“*

Sein Schüler Gernot Böhme: *„Information ist stets Struktur mit Bedeutung.“*

Norbert Wiener schließlich definierte: *„Information ist Information – nicht Materie und nicht Energie.“*

Information ist offenbar ein sonnenklares Konzept – in jeder Disziplin. So viele Definitionen ermutigen mich, eine eigene für den Bereich der Evolution zu geben:

> Information ist stets mit Materie verknüpft. Sie ist die Potenz der spezifischen Wirkung eines Complexums auf ein anderes (oder zwischen Teilen eines Complexums).

Ein Complexum enthält also Information nur in Bezug auf ein anderes Complexum (oder von seinen Teilen auf andere Teile). Weder Chaos noch Ordnung enthalten Information.

Information verlangt immer einen Sender und einen Empfänger. Hinzu kommen Rahmenbedingungen auf beiden Seiten der Informationsübertragung.

Die Wirkung auf verschiedene Empfänger kann unterschiedlich sein. So sind Wahlergebnisse oder Fußballresultate Anlass für Enttäuschung oder Freude. Die Menge der Information ist dabei weniger interessant als ihre Wirkung, das heißt, der Sinn ist wichtig. Wirkungen werden aber keineswegs bei jedem erreicht. Der Empfänger muss die notwendigen Voraussetzungen mitbringen, die Information also „verstehen" können. Die Rahmenbedingungen müssen passen. Zwei Buchstabenreihen sollen das veranschaulichen:

PIRKUSA OMU KU ATOLES VEDRALO
URAIM KEREM A VASUTI JEGYEKET

Enthalten sie Information? Die obere Reihe ist Unsinn in jeder Sprache. Die untere dagegen hat auf bestimmte Menschen in einer bestimmten Situation die Wirkung, dass sie in ihre Taschen greifen. Es ist nämlich die Forderung eines ungarischen Zugschaffners – endlich kommt die Eisenbahn zum Zuge –, die Fahrkarten vorzuzeigen! Die zu erfüllende Rahmenbedingung war hier die Kenntnis der ungarischen Sprache oder allgemeine Reiseerfahrung.

Ein Complexum – ich wiederhole – enthält also nicht Information schlechthin, sondern nur in Bezug auf ein anderes, und das auch nur, wenn die Rahmenbedingungen passen. Nur dann kann eines das andere beeinflussen.

Mit Lichtblitzen kann man nur dann Information übermitteln, wenn man vorher deren Bedeutung vereinbart hat. Aber dann ist es vor allem diese Vereinbarung, die neben den Lichtblitzen Information übermittelt.

Mit je einem chinesischen Schriftzeichen aus mehr als 40 000 kann man entsprechend viele verschiedene Nachrichten geben. Je größer die Anzahl der Signale, unter denen ich auswählen kann, desto mehr Bedeutung liegt im Einzelsignal. Chinesische Schrift ist sehr kompliziert. Ihre Information ist zu komprimiert für unser ungeübtes Gehirn. (Auch den meisten Chinesen geht es so. Sie kennen nur einen Teil der Zeichen ihrer Schrift.) Dies hier hat eine Expertin geschrieben:

Der Begriff Information begegnet Ihnen in diesem Buch vor allem als „genetische“ oder „intellektuelle“ Information. Die **genetische Information** ist eine Schrift in Kettenmolekülen (Nukleinsäuren oder Proteinen) – alle sind eindimensional, wie der Text eines Buchs. Sie geben eine detaillierte Beschreibung für molekulare Strukturen, die wichtige Teile eines Lebewesens (Complexums) sind oder an dessen Funktionen mitwirken. Herausragend ist dabei die Gruppe von Kettenmolekülen, die zusammenwirkend die Replikation der lebendigen Strukturen ermöglichen.

Alle Gestalt und alle biochemischen Prozesse sind in der genetischen Information in Form solcher Kettenmoleküle festgelegt, codiert. Der Code ist nicht diese Schrift, wie viele meinen, sondern der Schlüssel zur Übersetzung der Schrift in molekulare Gebilde.

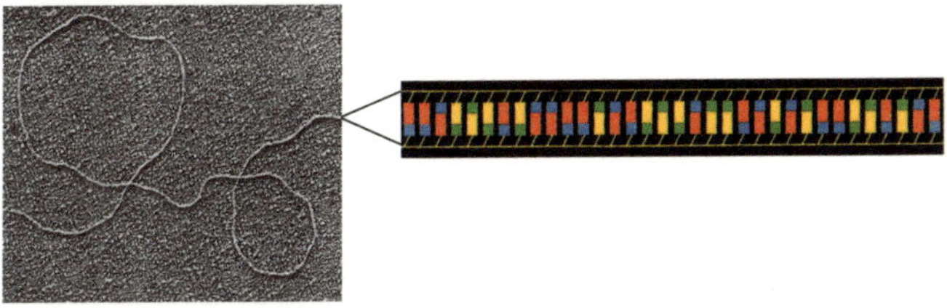

Die Erbschrift der Nukleinsäuren mit 4 verschiedenen Buchstaben wird durch den Code in eine Proteinschrift aus 20 verschiedenen Buchstaben übersetzt.

Als ein „Gen" für ein Merkmal (z. B. für eine Fellfärbung) wird ein Abschnitt der DNA (Desoxyribonukleinsäure) bezeichnet, dessen spezielle Beteiligung an dem Merkmal Fellfärbung nachgewiesen ist. Man beachte dabei jedoch, dass an fast allen Eigenschaften mehrere, letztlich viele Gene beteiligt sind, wie auch umgekehrt viele Gene an Verschiedenem mitwirken. Das gilt besonders für Regulatorgene, die als Hauptschalter für andere Gene wirken.

Die **intellektuelle Information** ist im Netz der Zellen des Gehirns gespeichert. Sie wurde durch Sinneswahrnehmungen oder durch andere intellektuelle Information (Sprache, Bilder, Musik) in das Gehirn gebracht. Dort können ihre Teile mit anderen Informationen in Wechselwirkung treten und deren Ergebnisse nach außen wieder mitteilen. Fast die gesamte intellektuelle Information ist in menschlichen Gehirnen, vor allem aber in von diesen erdachten Medien (z. B. Papier oder

DVD-Scheiben) gespeichert. Aber auch die Erfahrung eines Tieres, etwa der erkennbare Geruch eines Weibchens oder der Ort einer Wasserstelle, ist intellektuelle Information, eingegraben im Gehirn. Gehirne werden „in-formiert", in Form gebracht (mehr in Kap. 7).

4 Was wollten Clausius und Boltzmann am Rande der Suppe?

Vorbiologische Evolution

„In einer noch unerklärlichen Weise bilden die kosmische und die biologische Entwicklung ein Ganzes."

(Lawrence J. Henderson)

Der Beginn aller Evolution, der Anfang unseres Universums, der Ursprung der Materie – all dies liegt tief verborgen im heiligen Gral der physikalisch-mathematischen Gleichungen. Die Ursache soll eine Durchbrechung der sonst allgemein geltenden Symmetrie gewesen sein, wie der US-Forscher Yoichiro Nambu (Nobelpreis 2008) erkannte. Dabei sei etwas mehr Materie als Antimaterie entstanden, was den Urknall (big bang) des Universums auslöste oder möglich machte. – Verstehen Sie das? Kann man das überhaupt „richtig verstehen"?

Eine solche Vorstellung kommt jedenfalls der theologischen Idee einer „creatio ex nihilo" – einer Schöpfung aus dem Nichts – entgegen. Diese wird gerade jetzt in dem größten je durchgeführten physikalischen Experiment mit dem „large hadron collider" (LHC), der 27 Kilometer langen Kreisröhre, im Forschungszentrum CERN nahe Genf untersucht.

Die römische Kirche hat schon 1951 die Vorstellung eines Urknalls gutgeheißen. So hat der damalige Papst Pius XII. alle Aspekte dieser Kosmogenese für wissenschaftlich erforschbar erklärt – die einzige Ausnahme bliebe die Singularität des Anfangs selbst.

Fragen Sie besser nicht, was eine Asymmetrie des Universums ausgelöst hat oder was Gott vor seiner Schöpfung machte. Kirchenlehrer Augustinus (354–430) soll geantwortet haben, Gott habe an der Hölle gearbeitet für Leute, die so dumme Fragen stellen.

Der Urknall soll jedenfalls 13,7 Milliarden Jahre zurückliegen. Das berechnen Physiker aus Präzisionsmessungen des Satelliten WMAP. Damit ist ein Zeitanfang für unser Universum gesetzt. Aus einem ebenso unvorstellbar (nämlich $1{,}4 \times 10^{32}$ Grad) heißen wie winzigen Anfangsbrei entwickelten sich Sterne und Galaxien. Alles flog auseinander, aber die Teile flogen nicht in den Raum hinein, sondern der Raum selbst dehnte sich ungeheuer aus, wie ein Hefeteig voller Rosinen, der immer größer wird, nur riesenhaft mehr. Er tut es von Anbeginn an, und die bange offene Frage lautet: Wird das immer so weitergehen, oder fängt der Kuchenteig eines Tages an, sich wieder zusammenzuziehen? Wir kehren in Kapitel 14 zu diesem zwar keineswegs akuten, aber philosophisch wichtigen Problem zurück. Jetzt springen wir erst einmal vom ganz Großen zum ganz Kleinen und fragen, woraus unser Universum besteht. Und wieder landen wir in einer fremden Welt, derjenigen der Elementarteilchen des „Standardmodells“.

Nur für besonders Interessierte:

Seitenblick aufs **Standardmodell**

Unter den insgesamt 24 verschiedenen Elementarteilchen sind zwölf „klassische“, mit Masse behaftete Partikel, die anderen zwölf sind „Austauschteilchen“. Die kleinsten der klassischen sind die **Quarks**, von denen es sechs verschiedene gibt. Zwei von ihnen, das „up“ und das „down“, bilden als Dreiergruppen (2 ups, 1 down) das Proton und

(1 up, 2 downs) das Neutron. Beachtenswert: Die Masse eines Protons ist rund 100-mal größer als die der Summe seiner drei Quarks. Das Masse-Äquivalent der Bindungsenergie ($E = mc^2$) erklärt den großen Unterschied. Außer den Quarks gibt es die sechs **Leptonen**, zu denen das Elektron gehört.
Schwer als echte Partikel zu verstehen sind die zwölf Austauschteilchen, die die Wechselwirkungen, das heißt die Kräfte zwischen den klassischen Teilchen repräsentieren. Als **Photonen** lange gut bekannt sind die elektromagnetischen Wechselwirkungen. Andere sind die **Gluonen** (acht starke, verschieden-„farbig") und die drei **Bosonen** (schwache Wechselwirkungen).
Nach einem möglichen 25. Teilchen, dem **„Higgs"**, vermutlich wichtig für die Umwandlung von Energie in Masse, wird eifrig gesucht. Ebenso bisher nie beobachtet wurden die 24 **„Susy-Partner"**, einen für jeden der 12 + 12 Standard-Partikel. Die gewünschte **Su**per**sy**mmetrie lässt diese vermuten, weil sie das mathematische Bild aller Materie wunderbar abrunden würden.

Man muss es den Physikern wohl einfach glauben – das ist ähnlich wie bei den Aussagen des mittelalterlichen Lateins der Kirchensprache, die man auch einfach annehmen musste, ohne Hoffnung, sie wirklich verstehen zu können. Die moderne Astro- und Quantenphysik bewegt sich zwischen der harten Physik der alten Naturwissenschaft und der Metaphysik der Philosophie im Grenzgebiet mathematischer Phantasie, das nur Auserwählten zugänglich ist.

Im Zentrum steht dabei die Suche nach der „Weltformel", die bisher Unvereinbares verbinden soll, nämlich die allgemeine Relativitätstheorie von Einstein – die Physik des ganz

Großen – mit der Quantentheorie des ganz Kleinen (nach Planck, Heisenberg u. a.). Ein neuer, vielleicht hoffnungsvoller Versuch dazu ist die „Schleifenquantengravitation" („loop quantum gravity"), bei der Raum und Zeit in unvorstellbar winzige, aber nicht weiter teilbare „schleifenförmige" Elementareinheiten zerlegt werden. Deren „Raum-Netz" saugt Energie auf, wie ein Schwamm das Wasser. Bei höchster Dichte jedoch kehrt sich nach Abhay Ashtekar (Pennsylvania State University) die Anziehung der Gravitation um und wird zur Abstoßung. Man kann damit die Singularität einer unendlichen Dichte des Anfangs im Urknall vermeiden und die Zeit in diesem Punkt gewissermaßen „spiegeln", wodurch der Urknall zu einem „Urprall" würde.

Für den Normalmenschen besteht keine Aussicht, die mathematischen Formeln der Astro- und Teilchenphysik jemals in die reale Welt einzuordnen. Das gilt auch für einen alternativen Ansatz, den ein Teil der Fachleute vertritt. Bei dieser „String-Theorie" werden sämtliche Elementarpartikel der Physik als noch Elementareres, nämlich als extrem winzige, verschieden vibrierende Fäden – die „strings" – gedeutet (mehr dazu in Kap. 14). Wer das alles genau verstehen will, muss halt Physik studieren. Vielleicht gelingt's dann.

Auf jeden Fall kehren wir hier am besten zurück zu den altbekannten, experimentell nachweisbaren Atomen mit einem positiv geladenen Kern aus Protonen und Neutronen sowie um ihn herum schwirrenden negativ geladenen Elektronen.

Bald nach Beginn unseres Universums gibt es nur Wasserstoff und einen kleinen Anteil Helium, aber noch keine höheren Atome. Dann ballen sich durch Gravitation riesige Gasbälle – Sterne – aus Wasserstoffatomen zusammen. Deren Atomkerne, die Protonen, haben sich von ihren dazugehörigen Elektronen getrennt, und aus beiden bildet sich eine riesige Feuerkugel, das „Plasma", in dem sie losgelöst schwimmen. In deren Zentrum wird ständig Hitze erzeugt, weil durch Gravitation Protonen immer tiefer in die Mitte gezogen werden. Die dabei frei werdende Energie wird abgestrahlt.

Ist eine kritische Schwelle von mehr als einer Million Grad im Inneren erreicht, beginnt langsam ein neuer Zusammenschluss, der vier Protonen betrifft, von denen zwei bei Zusammenstößen in Neutronen umgewandelt wurden. Aus zwei Protonen und zwei Neutronen entsteht schließlich unter Energieabgabe ein äußerst stabiles Viererpaket: das Alpha-Teilchen. Es ist der Kern eines Heliumatoms.

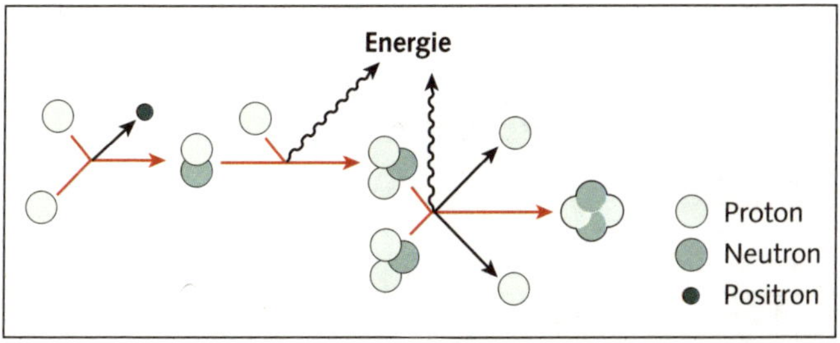

Bei dieser Kernverschmelzung werden zwei positive Ladungen (Positronen) und viel Energie freigesetzt, die ihrerseits die Bildung weiterer Alpha-Teilchen erleichtert. (Nebenbemerkung: Wenn es unseren Physikern einmal gelingen würde, diesen Prozess in einem „Fusionsreaktor" kontrolliert ablaufen zu lassen, wären alle Energieprobleme unseres Planeten gelöst.)

Diese Bildung von Alpha-Teilchen im so genannten Proton-Proton-Zyklus ist die Energiequelle, die unsere Sonne schon seit 4,6 Milliarden Jahren Licht und Wärme auf unseren Planeten strahlen lässt und sicher noch weitere vier Milliarden Jahre länger strahlen lassen wird.

Alles Leben hängt an dieser Sonne, die daher nicht nur im alten Ägypten, sondern in vielen Kulturen schon gottähnliche Verehrung erfuhr.

So führte der Pharao Echnaton (1363–1346 v. Chr.) gegen den großen Widerstand der Priesterschaft, die an der bisherigen Vielgötterreligion mit den fast 2000 Göttern festhielt, in Ägypten die erste monotheistische Religion ein. Deren einziger Gott, Aton, symbolisiert durch die Sonnenscheibe, war Schöpfer und Erhalter allen Lebens. Echnaton selbst bezeichnete sich als Sohn seines Gottes. Ein Relief am großen Tempel von Amarna zeigt ihn mit seiner Frau Nofretete und Tutanchamun, seinem Sohn einer zweiten Frau, sowie einer

Namen von Pharaonen wurden in der Hieroglyphenschrift durch ein ovales Schild im Text hervorgehoben.

weiteren Tochter beim Darbringen von Opfern. Echnatons religiöse Reformation scheiterte zwar bald, doch fand der von ihm begründete Monotheismus Auferstehung im Judentum durch Moses.

Doch zurück zum Proton-Proton-Zyklus, dem Beginn der Evolution. Wir sind hier das erste Mal einer **„Integration“** begegnet, das heißt einer Verschmelzung von zwei oder mehr Complexa zu einer neuen Ganzheit, einem Complexum nächst höherer Stufe. Dabei entstehen neue Relationen zwischen bisher beziehungslosen Complexa, bis daraus schließlich eine neue Ganzheit mit meist völlig neuen Eigenschaften geworden ist. (Zum besseren Zusammenwachsen mag sich dabei auch hier oder da an den Complexa etwas verändern.) Solche Integration macht das größere Complexum zu mehr als zur Summe seiner Teile.

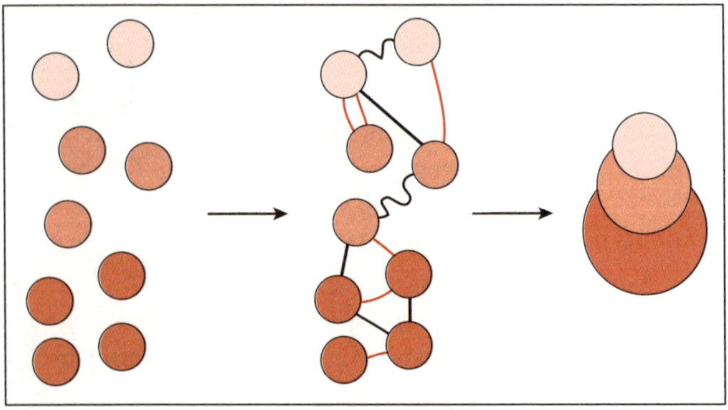

Integrationen bilden einen der wichtigsten Mechanismen aller Evolution und wirken auf allen Stufen – seien es chemische Bindungen zwischen Atomen, Freundschaften zwischen Menschen oder Handelswege zwischen Kulturen. Integrationen liefern die entscheidenden Schritte für das gewaltige Anwachsen von Komplexität. Was sagte Pherekydes im 6. vorchristlichen Jahrhundert? Zeus habe bei der Erschaffung der Welt allen Dingen das Streben nach Vereinigung eingepflanzt.

Sie erwarten jetzt richtig, dass sich an den Proton-Proton-Zyklus eine weitere Integration anschließt, bei der Heliumkerne ihrerseits nochmals verbunden werden. Allerdings muss dabei zuerst eine sehr beachtenswerte Hürde genommen werden, nämlich die Instabilität eines Verbands von zwei Alpha-Teilchen. Erst drei von ihnen können den Kern eines Kohlenstoffatoms als dauerhaftes Complexum der nächsthöheren Stufe bilden. Ein Dreier-Treffen ist viel seltener und braucht daher weit längere Wartezeit.

Dann aber ist faszinierend zu sehen, wie sich bald ein weiteres Alpha-Teilchen anschließt und so ein Sauerstoffkern entsteht, der durch Einfangen eines nächsten Alpha-Teilchens zu einem Neonkern wird. Ein Stickstoffkern entsteht, wenn zwei Protonen von einem Kohlenstoffkern aufgenommen werden. Jedesmal wird dabei Energie freigesetzt. Wasserstoff, Kohlenstoff, Sauerstoff und Stickstoff – die wichtigsten Bausteine des Lebendigen entstehen zuerst. Sie sind auch die einfachsten. Wenn die Sterne genug Masse haben, also heiß genug werden, kann sich dann – über zwei weitere Schwellen der Temperatur von 800 und 1 500 Millionen Grad – der Aufbau zu immer höheren, komplexeren Atomkernen fortsetzen.

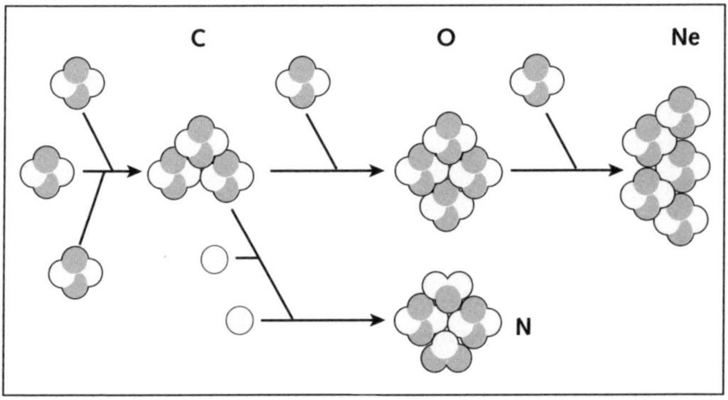

Die Eigenschaften der Materie haben wundersame Bremsen der Entwicklung eingebaut. Wäre zum Beispiel schon ein Verband von zwei Alpha-Teilchen stabil, so wären alle Alpha-Teilchen rasend schnell zu „Doppel-Alphas“ geworden, was die Entstehung von Kohlenstoffkernen verhindert hätte. Und was wäre die Welt – was wäre die Evolution – ohne Kohlenstoff?! Der Energievorrat des riesigen Feuerballs wäre umgehend verbraucht, der Stern selbst bald explodiert. Kuriose Fundamentalkräfte zwischen den Teilchen regeln deren Stabilität und geben so Zeit für die Evolution der Materie.

Seitenblick aufs **Kohlenstoffatom**

Praktisch alle wichtigen Moleküle der lebendigen Welt sind aufgebaut aus Atomen des Kohlenstoffs. Jedes C-Atom besitzt vier Valenzen, kann sich also mit vier Wasserstoffatomen verbinden, aber auch untereinander durch so genannte kovalente Bindungen feste Ketten bilden oder sich durch eine Doppelbindung oder gar eine Dreifachbindung zusammenschließen:

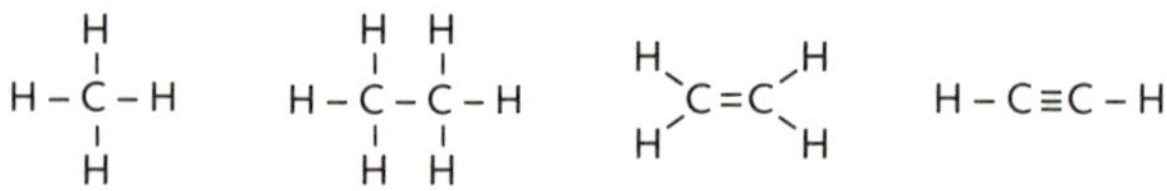

Methan Äthan Äthen Äthin

Das Kohlenstoffatom ist so bestens geeignet, längere Ketten auch mit Verzweigungen, aber auch Sechserringe zu bilden. Hier zwei einfache Beispiele:

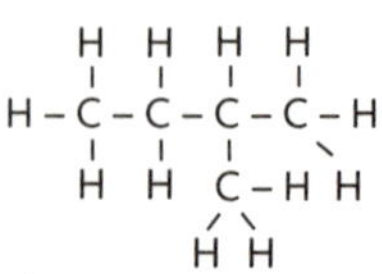

Isoheptan

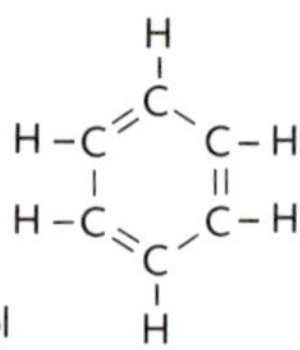

Benzol

Diese Möglichkeiten führen zu einer unbeschreiblichen Mannigfaltigkeit der Kohlenwasserstoffe. Auch Silicium und Schwefel können Ketten bilden, doch sind deren Bindungen deutlich weniger stabil.
Biologische Moleküle müssen chemische Reaktionen zulassen und dürfen daher auch nicht zu stabil sein. Zum Beispiel sollen ein oder mehr Wasserstoffatome häufig durch Sauerstoff oder Stickstoff ersetzt werden. Wichtig für die Biologie sind auch die Atome von Phosphor und Schwefel sowie die Ionen von Na^+, K^+ und Cl^- oder Eisen.

Zurück zur Evolution.

Schließlich – nach Milliarden Jahren – sind alle möglichen Kernreaktionen in dem Stern abgelaufen. Mit dem Verbrauch der Protonen erschöpft sich der Energievorrat. Sterne von Sonnengröße blähen sich noch einmal auf. Größere Sterne können zur Supernova werden, das heißt explodieren, und dabei mit riesiger Energie all die aufgebauten Atome als Staub in den Raum schleudern.

Solche Sternexplosionen sind selten zu beobachten, obwohl sie viele Tage lang sichtbar sind. Die erste Beobachtung einer Supernova in unserer Galaxie beschrieben zuerst chinesische Astronomen im Jahre 185, eine andere (in nur 7000 Lichtjahren von uns) wurde 1006 auch in Südeuropa gesichtet. Und dann eine am 4. Juli 1054 – wieder durch Chinesen – an einer Stelle des Himmels, wo sich noch heute die Explosionswolke als „Krebsnebel“ finden lässt.

Hier die Supernova 1006, deren Reste heute so beobachtbar sind:

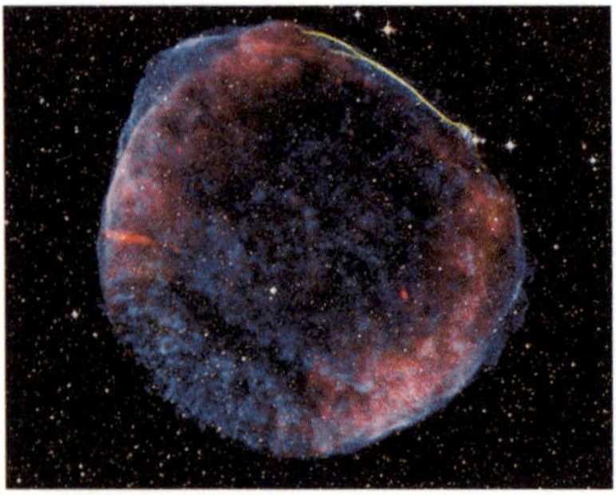

(Foto: NASA)

Weitere Supernovae-Explosionen in unserer Milchstraße wurden um die Jahre 1680 und 1870 beobachtet.

Derartige Staubwolken von Sternexplosionen verdichten sich gemeinsam mit viel atomarem Wasserstoff zu neuen Sternen zweiter Generation und deren Planetensystemen. Auf Planeten, die zufällig in richtigem Abstand um eine Sonne von zufällig geeigneter Größe kreisen und zufällig auch noch eine Eigenrotation sowie genügend Wasser besitzen, kann sich dabei ein Urmeer bilden, als Grundlage aller weiteren Evolution. In dieser Weise entstanden vor rund fünf Milliarden Jahren unser Sonnensystem und unsere Mutter Erde. Man beachte, dass die Masse unseres Planeten, das heißt auch die Materie unseres menschlichen Körpers, aus solchen Explosionen von Sternen stammt – Milliarden Jahre zurück. So eng verbindet uns die Evolution mit dem Geschehen des Universums.

Wir haben mit der Geburt unseres Planeten den ersten Schritt zur Betrachtung der terrestrischen Evolution getan und können uns jetzt dem Geschehen auf der Erde zuwenden.

Beim Versuch, die klimatische Vergangenheit unserer Erde zu beschreiben, stellt man fest, dass wir viel sichereres Wissen über die Bildung der Atomkerne haben als über die Lebensgeschichte unseres Planeten. Besonders undurchsichtig ist dem Laien dabei der vermutete Lauf der Temperatur auf der Erdoberfläche. Hier soll es nach der anfänglichen Gluthitze mit langsam folgender Abkühlung zu einem mehrfachen Wechsel zwischen den Extremen von Warmperioden (mit einem Meeresspiegel von wohl 100 Metern über dem jetzigen Stand) bis zu Eiszeiten mit Gletschern über ganze Kontinente, ja bis zur totalen Vergletscherung des Planeten gekommen sein, der dann als riesiger „Schneeball" um die Sonne kreiste. Solche globalen Eiszeiten werden vor etwa 2,2 Milliarden und vor 800 bis 600 Millionen Jahren angenommen, in Zeiten also, als das Leben frühe Schritte machte.

Besonders schwierig zu klären sind die Ursachen, die so starke Klimawechsel bewirkt haben. Daran beteiligt sind Verschiebungen der Kontinente im großen und tektonische Bewegungen im kleineren Maßstab sowie die Änderungen der Rotationsachse und des Magnetfeldes unseres Planeten. Wichtig ist zudem die Zusammensetzung der Atmosphäre, die die Sonneneinstrahlung verschieden stark abschirmt und durch Gase aus dem Erdinneren sowie – nach Beginn des Lebens – auch durch Gase verändert wird, die von Organismen selbst produziert werden, zum Beispiel durch Photosynthese. Und trotz oder vielleicht gerade mithilfe all dieser unübersichtlichen Schwankungen fand die Entwicklung des Lebens statt.

Da alles Entscheidende viele Millionen Jahre lang im Wasser kleiner Tümpel oder auch im Wasser des Urmeeres passierte, ist es wichtig, dieses Medium in einem kurzen Seitenblick etwas näher anzusehen. Wir werden dabei finden, dass Wasser Eigenschaften hat, die äußerst bizarr sind. Aber ohne diese Abnormitäten des Wassers hätte es überhaupt keine spätere Evolution des Lebendigen geben können.

Seitenblick aufs **Wasser**

Das Wassermolekül H_2O ist nicht linear gestreckt wie das von CO_2, sondern bildet einen Winkel von 105°.

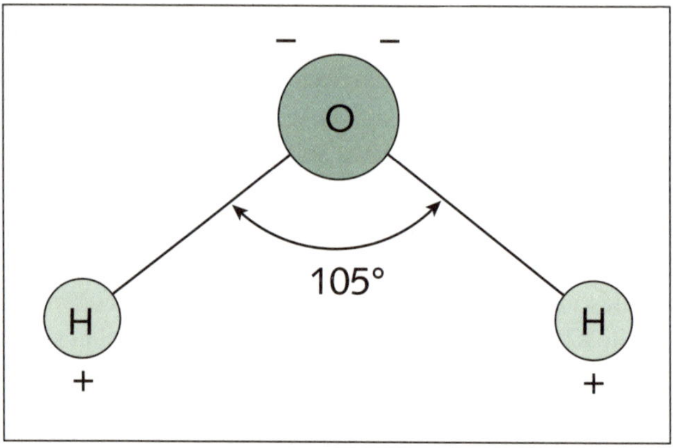

Dadurch entsteht eine räumliche Asymmetrie seiner elektrischen Ladung, ein starkes Dipol-Moment, das entscheidend ist für die Fähigkeit, vielerlei Salze in Lösung zu nehmen. Ein Maß für die Lösungsfähigkeit des Wassers ist seine Dielektrizitätskonstante. Sie hat den Wert 80 und ist die höchste aller Lösungsmittel. So enthalten die Weltmeere nach L. J. Henderson insgesamt die unglaubliche Menge von rund 35 000 000 000 000 000 000 kg gelöstem Kochsalz (NaCl). Dieser Charakter des Wassers als exzellentes Lösungsmittel ermöglicht der vorbiologischen Evolution die Ansammlung einer Fülle von molekularen Bausteinen und Energieträgern im Urmeer.
Die Tatsache, dass Wasser in einem breiten Temperaturbereich (0 bis 100 °C) flüssig ist, also weder zu Eis gefriert

noch verdampft, bildet eine Überraschung, wenn man Substanzen ähnlichen Typs im periodischen System vergleicht:

	H_2O	H_2S	H_2Se	H_2Te
Schmelzpunkt (°C)	0	– 86	– 66	– 49
Siedepunkt (°C)	100	– 60	– 41	– 1
flüssiger Bereich	100	26	25	48

oder

	CH_4	NH_3	OH_2	FH
Schmelzpunkt (°C)	–182	–78	0	– 83
Siedepunkt (°C)	–162	– 33	100	19
flüssiger Bereich	20	45	100	102

Dass Wasser gerade in dem Temperaturbereich flüssig ist, in dem Proteine stabil und zugleich reaktiv sind, ist lebenswichtig für alle Organismen. Eine andere extrem bizarre Eigenschaft ist die Dichte des Wassers in Abhängigkeit von der Temperatur:

°C	Dichte
0	0,99987
1	0,99993
2	0,99997
3	0,99999
4	1,000000
5	0,99999
6	0,99997
8	0,99988

Sie steht in krassem Gegensatz zum Verhalten aller anderen Körper. Durch sie „schwimmt Eis auf Wasser“. Durch sie ist die Tiefsee noch 4 °C warm und bei normaler Sonneneinstrahlung niemals gefroren. Wasser wird als Standard für mehrere physikalische Maßeinheiten benutzt, zum Beispiel für die Temperaturmessung zwischen Schmelz- und Siedepunkt (0 bzw. 100 °C). Auch die Wärmeeinheit Kalorie ist definiert auf der Basis von Wasser. Da dem Wasser – im Verhältnis zu anderen Flüssigkeiten, außer Ammoniak – eine große Menge Wärme zugeführt oder entzogen werden muss, um seine Temperatur zu ändern, ist es ausgesprochen wärmeträge, das heißt, Wasser bildet ein großes Reservoir zur Temperaturstabilisierung.

Die Kombination von Dichtemaximum, Schmelz- und Siedepunkt des Wassers sowie der Dielektrizitätskonstante sorgt für eine riesige Menge an Molekülen in der so genannten Ursuppe, bereit zum Übergang in die zweite Phase der Evolution.

Diese wenigen Punkte sollen genügen, um die Bedeutung der schnurrigen Anomalitäten des Wassers als Urträger aller Lebensprozesse anzudeuten.

Noch enthält das Meer keinerlei Lebewesen, sondern lediglich kleine Moleküle, die sich schon im interstellaren Raum, aber auch in der Ursuppe aus Atomen zusammenfanden. Elektrische Entladungen, ionisierende Strahlungen und photochemische Reaktionen erzeugen weiter vielerlei Moleküle. Diese reichern sich langsam an und werden gelegentlich auf heißem Vulkangestein zu längeren Molekülketten verbunden.

Hier haben wir nach der Integration von Elementarteilchen zu Atomen und der von Atomen zu Molekülen bereits die dritte Stufe einer Integration erreicht, nämlich die Entstehung von Molekülketten. Diese so genannten Polymere bestehen aus einander ähnlichen Einzelmolekülen, die wie auf einem Faden aufgereiht aneinanderhängen. Die beiden entscheidenden Grundtypen solcher Ketten sind die Nukleinsäuren und die sich speziell faltenden Proteine.

Damit erreicht Evolution das Ende ihrer vorbiologischen Phase. Mit dem nächsten Schritt öffnet sich vor rund vier

Milliarden Jahren das faszinierende erste Großereignis terrestrischer Evolution: Es ist die Entstehung des Lebens selbst, es ist das erste Auftreten von etwas Lebendigem im Reich der bis dahin leblosen Materie.

Zuvor noch eine wesentliche Zwischenbetrachtung: Parallel mit der steigenden Größe der Complexa wächst auch deren Potenz zur Mannigfaltigkeit. Ausgehend von ganz wenigen Elementarbausteinen finden wir nach einer Integrationsstufe einige hundert zumindest als Isotope unterscheidbare Atome (chemisch gleichwertig, nur im Atomkern kleine Unterschiede), die sich nach einer weiteren Integration zu mehr als sieben Millionen bekannten Molekülarten entfalten.

Auf allen Ebenen ist die Grenze zwischen instabilen, das heißt „nicht erlaubten", und stabilen, also „zugelassenen" Strukturen dabei unscharf, je nachdem, welche Lebenszeit man für den Begriff der Stabilität fordert. Wichtig jedoch ist dies: Bis zum Niveau von Molekülen wird wohl die Gesamtheit der potenziellen Mannigfaltigkeit realisiert. Das bedeutet: Alle theoretisch möglichen Moleküle werden auch in der realen Welt tatsächlich irgendwo vorkommen.

In aller weiteren Evolution jedoch, also für alle höhere Komplexität, ist nur ein winziger Anteil aller möglichen Complexa tatsächlich verwirklicht. Zur Verdeutlichung dieser Explosion der Mannigfaltigkeit, die bei der Integration von Molekülen zum Polymer einsetzt, möchte auch ich die so häufig zitierte Peptidkette aus 100 Aminosäuren benutzen, die insgesamt 20^{100}, das sind rund 10^{130} verschiedene Sequenzen ermöglicht. Dieser unvorstellbaren Riesenzahl stehen insgesamt nicht mehr als 10^{80} Protonen oder Neutronen im gesamten Universum gegenüber. Es erübrigt sich, zu erwähnen, dass infolgedessen nur ein verschwindender Anteil aller denkbaren Ketten dieser Länge je verwirklicht werden kann. Alles Weitere ist überhaupt nicht in Zahlen zu fassen.

Zeitgenössische Fotografie

Diese Frage explodierender Mannigfaltigkeit hätte aber die Physiker Rudolf Clausius und Ludwig Boltzmann – hier also endlich ihr Auftritt! –, wenn sie beobachtend am Rande des Urmeeres gestanden hätten, weniger interessiert. Was wollten die beiden Herren am Rande der Suppe? Nur sehen, ob sich ihre theoretische Physik der Thermodynamik[1] auch in der Praxis bewährt?

Sie hätten verfolgt, wie sich einzelne Aminosäuren zufällig zu kurzen Peptidketten zusammenschließen, wie sich zwei kurze Ketten zu einer längeren verbinden – aber auch, wie längere Ketten wieder in Stücke zerfallen.

---

[1] Clausius (1822–1888) formulierte den 2. Hauptsatz und führte den Entropie-Begriff ein. Boltzmann (1844–1906) begründete die statistische Mechanik und brachte Wahrscheinlichkeiten in die Thermodynamik ein.

„Eigentlich ist das schade", hätte dann vielleicht einer gesagt, „dass unsere Thermodynamik dem weiteren Aufbau von noch komplexeren Aggregaten hier eine Grenze setzt, aber Bäume wachsen eben nicht in den Himmel. Bei so langen Ketten ist die Wahrscheinlichkeit für einen Zerfall halt viel größer als die einer weiteren Verlängerung."

Die beiden Herren wären aber sehr überrascht worden, denn der Aufbau von Komplexität schreitet weiter fort, nur die Bedingungen sind andere geworden. Was ändert sich an dieser Stelle der Evolution?

- Der Energiefluss wird umgekehrt: Bisher setzte die Bildung von kleinen Complexa Energie frei, jetzt verlangen deren weiterer Aufbau sowie auch schon die Erhaltung größerer Complexa die **Zufuhr** von Energie.
- Im Bereich der einfachen Moleküle wurden wohl alle möglichen Complexa auch tatsächlich realisiert. Von hier ab aber sind unermesslich viel mehr Entwicklungen möglich, als die ja begrenzte Menge der gesamten Materie des Universums zulässt. Zufall entscheidet, welche Komplexität entsteht, und Zufall türmt sich auf Zufall – ein ins Unvorstellbare wachsender **Turmbau von Unwahrscheinlichkeiten**. Nur ganz wenige Möglichkeiten werden materiell realisiert.
- Vor allem aber wird von hier ab in ständig steigender Bedeutung eine hochspezifische Wechselwirkung der Complexa untereinander beobachtbar. Das weitere Geschehen ist nicht nur von den Zufallsereignissen der Thermodynamik (der „elementaren Unordnung", wie Max Planck es nannte) bestimmt, sondern – soweit Komplexität betroffen ist – von der zunehmenden, höchst spezifischen **Information**.

Thermodynamik ist die richtige Beschreibung der Verteilung aller physikalischen Größen, soweit diese allein aus ungekoppelten Zufallsentscheidungen resultieren. Sie gilt natürlich auch im Bereich der Biologie für alle Fragen der Energieverteilung, nicht aber für die Wahrscheinlichkeit des Vorkommens bestimmter Sequenzen in Kettenmolekülen und damit für Wahrscheinlichkeiten des Vorkommens von Strukturen des Lebendigen, da hierbei die Hypothese der elementaren Unordnung als alleinige Grundlage nicht erfüllt ist.

„Replikation" ist kein Begriff der Thermodynamik.

„ ... nicht wahr, Herr Professor, wie Sie gestern in der Vorlesung sagten, auch viele Physiker verstehen Thermodynamik nicht wirklich, aber sie können drüber reden, als ob sie's verstanden hätten." – Zum Gedenken an Prof. Friedrich Möglich († 17. Juni 1957), Humboldt-Universität, Thermodynamik-Vorlesung, 1948. (Zeichnung angelehnt an Karl Arnold – er möge die Personalisierung verzeihen)

... und endlich die ganz dicke Frage:

5 Kann das sein: Leben aus Leblosem?

Lebensbeginn und Turmbau

„Das Meer ist die Mutter und die Wiege alles Lebendigen."

(Thales)

Der Urknall stand am Anfang unseres Universums. Auch die zweite Phase der Evolution – die Phase des Lebendigen – beginnt mit einem äußerst wundersamen Ereignis: mit der Entstehung ersten Lebens. Was war da passiert?

Oft liest man, es wäre gar nicht sicher, dass das Leben hier auf unserem Planeten entstanden sei. Möglicherweise wäre es mit einem ersten Keim irgendwoher aus dem Weltraum auf unsere Erde gekommen. Für das Problem „Leben durch Gott oder durch Zufall" bedeutet diese Frage keinen wirklichen Schritt näher zur Antwort. Denn auch irgendwo im Universum könnte eine göttliche Hand oder eine spontane Entstehung den Anfang des Lebens bewirkt haben. Insofern ist es von nachrangiger Bedeutung, ob dieser wundersame Beginn dort irgendwo oder hier auf unserem Planeten stattfand.

Aber wie kam das Leben in die Welt? Wie kam es in all der leblosen Materie zum Durchbruch des Lebendigen? Mit Sicherheit ist unter den immer größer werdenden Molekülketten der Ursuppe nicht plötzlich ein besonders geglücktes Polymer aufgetaucht, das anfing, sich zu vermehren. So einfach ging das nicht. Was denkt die Wissenschaft? Was dachte Darwin?

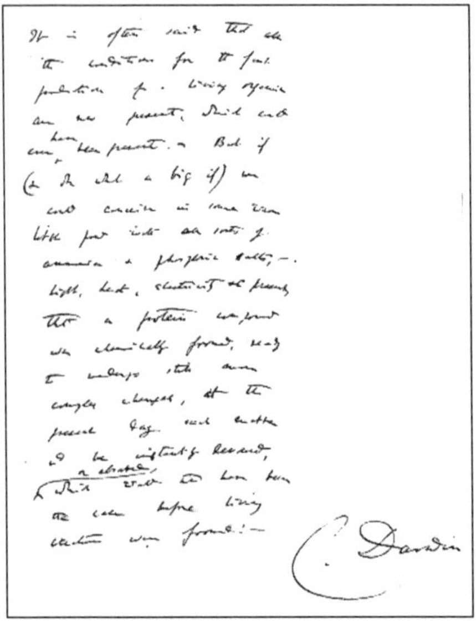

„It is often said that all the conditions for the first production of a living organism are now present, which could ever have been present. But if (and oh! what a big if!) we could conceive in some warm little pond, with all sorts of ammonia and phosphoric salts, lights, heat, electricity, etc. present, that a protein compound was chemically formed ready to undergo still more complex changes, at the present day such matter would be instantly devoured or absorbed, which would not have been the case before living creatures had formed.“

(Charles Darwin,
aus einem Brief an Hooker vom 1. Februar 1871)

Auch Darwin konnte sich also unter besten Bedingungen in einem kleinen warmen Tümpel den extrem unwahrscheinlichen Anfang vorstellen, der allerdings heute – so schränkte er ein – unter lebenden Kreaturen, die ihn sofort verschlingen würden, keine Chance hätte.

Der Anfang dürfte in einem zufälligen Zusammentreffen mehrerer, sich in Arbeitsteilung harmonisch ergänzender Komponenten aus einzelnen Proteinen und Nukleinsäureketten begründet sein. Etwa das meint wohl eine Mehrzahl der Wissenschaftler. Für dieses erfolgreiche molekulare Kollektiv sollte eine gewisse Zeit lang eine räumliche Nähe gesichert sein – in einer kleinen Höhlung oder durch membranähnliche Strukturen, eventuell auch auf einer helfenden Oberfläche. Der so genannte Hyperzyklus war ein elegantes, spezielles Modell dieses Typs, das aber aus genetischen Gründen leider nicht funktionieren konnte.

Nach endlos vielen Versuchen in Abermillionen von Jahren findet sich also schließlich durch Zufall in besagtem kleinen Tümpel oder irgendwo im riesigen Urmeer mit den unterschiedlichsten Außenbedingungen wohl ein erfolgreiches Kollektiv zusammen. Den direkten Eingriff eines Gottes hält die Wissenschaft nicht für erforderlich, denn die Eigenschaften der Materie wären derart, dass sich zwangsläufig irgendwann irgendwo eine solche kooperierende Molekülgruppe in „Selbstorganisation“ zusammenfinden müsste.

Dieses Kollektiv hat durch Kooperation die Potenz erster „genetischer Information“, nämlich die Fähigkeit zur spontanen Replikation aller eigenen Strukturen. Das bedeutet, dass seine Teilnehmer gemeinsam die Beschreibung tragen, wie aus molekularen Bausteinen der Ursuppe eine Kopie der eigenen Komplexität zusammengebastelt werden kann. Ohne Frage: Man muss die Gesamtheit dieses Kollektiv als ein Complexum bezeichnen.

Mit dem zufälligen Zusammentreffen dieser Gruppe kooperierender Molekülketten hatte so das erste vermehrungsfähige Urlebewesen, das erste lebendige Complexum von unserem Planeten Besitz ergriffen. Selbst die Spielwarenindustrie würdigt die Bedeutung dieses Ereignisses und macht daraus spannende Strategiespiele:

Abbildung auf dem Spiel „Ursuppe" von Doris & Frank, Modellnummer 0047. (© Doris und Frank)

Wenn an irgendeinem Punkt im Geschehen der gesamten biologischen Evolution von naturwissenschaftlich schwer Verstehbarem oder von unvorstellbarem Zufall gesprochen werden muss, so ist es hier. Alle dazu immer wieder aufgestellten Behauptungen sind unbeweisbar – sei es die der Zwangsläufigkeit einer Selbstorganisation von unbelebter zu lebendiger Materie (Nobelpreisträger Manfred Eigen), sei es die kosmische Einmaligkeit eines fast grenzenlos unwahrscheinlichen Zufalls mit der Konsequenz der Verlassenheit des Menschen in der teilnahmslosen Unermesslichkeit des Universums (so wörtlich die tragende Sprache des Nobelpreisträgers Jacques Monod bzw. die seines Übersetzers). Beides sind nur Meinungen, Glaubensbekenntnisse.

Wir wissen auch nicht, ob alles Leben unseres Planeten auf ein einziges Complexum als Urkeim zurückgeht. Es sieht sehr danach aus, weil sämtliche Lebewesen – Mikroben, Pflanzen und Tiere – den gleichen genetischen Code (die Verschlüsselung der Aminosäuren in Dreiergruppen von Basen der Nukleinsäure) benutzen. Wir können jedoch nicht ausschließen, dass auch bei mehrfacher Entstehung noch nicht erkannte Systemzwänge (vgl. Kap. 6) automatisch immer wieder diesen einen Code erzeugt hätten oder dass von ursprünglich verschiedenen Codes in der Konkurrenz nur ein zufälliger überlebt hätte.

Ein zweites Argument liegt in der Rechts-Links-Symmetrie von größeren Molekülen. Wie bei rechten und linken Handschuhen kann man diese drehen und wenden, aber nie zur Deckung bringen. Bei chemischen Synthesen und offenbar auch im Weltenraum werden beide Typen solcher Moleküle in etwa gleicher Menge erzeugt. Dagegen benutzt unsere biologische Welt stets nur eine der beiden Varianten, die durch Drehung von polarisiertem Licht unterscheidbar sind.

So gehören alle Aminosäuren unserer Proteine zum „L-Typ", während die Nukleinsäuren sämtlich vom „R-Typ" sind. Auch alle anderen Moleküle der Organismen sind stets nur von einem Typ, so ist Glukose stets d-Glukose usw. Man kann sich also zu unserer Welt eine in allen Molekülen gespiegelte Welt vorstellen. Doch könnten wir kein Steak von deren Kühen verdauen und deren Kühe wohl kein Gras von unserer Welt. Es ist wahrscheinlich, wenn auch nicht sicher, dass eine Zufallsentscheidung am Anfang der biologischen Evolution getroffen wurde, die sich dann in allen Organismen fortpflanzte. Noch wissen wir also nicht endgültig, wie viel Zufall und wie viel Notwendigkeit am Anfang unserer biologischen Welt mitgewirkt haben.

Auch wenn man auf zehn Planeten Leben fände – das gleiche wie bei uns, also auf der Basis von Proteinen und Nukleinsäuren – oder auch völlig anderes, wäre das (in Augen von

Creationisten) ja keineswegs ein Beweis für eine Spontanentstehung. Gottes Hand könnte überall am Werk gewesen sein. Solange niemand in einem sterilen Reagenzglas aus kleinen leblosen Molekülen ein Complexum mit der Fähigkeit zur Selbstreplikation erzeugen kann, bleibt Spontanentstehung nur eine plausible Annahme der Wissenschaft. Auf der anderen Seite ist die Tatsache, dass dies bisher noch nicht gelungen ist, auch kein Beweis einer prinzipiellen Unmöglichkeit.

Wissenschaftlich wohl sicher ist nur, dass das erste Leben auf unserer Erde, also die Harmonie eines ersten lebendigen Complexums mit der unfasslichen Fähigkeit, sich selbst zu replizieren, vor fast vier Milliarden Jahren aufgetreten ist. Etwa 3,5 Milliarden Jahre alte Stromatoliten in Australien nämlich gehören zu den ältesten von primitiven Organismen gebildeten Lebensspuren. Dieser Zeitpunkt folgt sehr bald auf die Abkühlung unseres Planeten. Wäre das erste Leben die Folge eines extrem unwahrscheinlichen Zufalls gewesen, so sollte dieser wohl erst nach weiteren Milliarden Jahren Wartezeit eingetreten sein. Dieses Argument des unverzögerten Auftretens bildet auch heute noch den einzigen Hinweis auf – nicht: Beweis für – die Zwangsläufigkeit der spontanen Entstehung des Lebens. Also deutlich näher an Eigen als an Monod.

Creationisten werden wahrscheinlich aus diesem Abschnitt zitieren: „Seht, hier ist noch ein Wissenschaftler, der zugibt, es nicht beweisen zu können." Da haben sie Recht, aber wenn sie fair sind, sollten sie noch hinzufügen: „Allerdings können wir das Gegenteil auch nicht beweisen."

Der Mensch mag wohl sich selbst nicht eingestehen, dass er etwas noch nicht versteht, so deckt er mit Gottes Hand sein Unwissen einfach zu und braucht nicht mehr zu grübeln. Alles ist ja erklärt. Das war schon bei den Germanen so: Wenn Donar den Hammer warf, zuckten Blitze und grollte der Donner. Bei den Maya war der Regengott Chaac für die Trockenheit verantwortlich. Auch die schreckliche Pestilenz fiel über Europa, weil Gott den Sündern wieder zürnte. Als Wirken der Götter wurde durch Priester stets gedeutet, was der Mensch (noch) nicht erklären konnte. Glauben vermischt sich mit Aberglauben.

Seitenblick auf **Aberglauben**

Naja, denken Sie, Aberglauben, vielleicht bei den Chinesen – bei uns doch höchstens mal 'ne schwarze Katze; da muss man halt dreimal auf Holz klopfen. Burrhus F. Skinner hat die Entstehung des Aberglaubens 1947 mit einem schönen Experiment an Tauben gezeigt: Man setze eine Reihe der Vögel einzeln in je einen Kasten. Dann lässt man durch Futtermechanismen alle 20 Sekunden wenige Körner einstreuen, ganz gleich, wie sich die Taube verhält. Nach kurzer Zeit hat jede Taube ein anderes schnurriges Verhalten entwickelt. Die eine nickt ständig mit dem Kopf, eine andere kratzt mit dem Fuß, eine dritte schlägt kurz mit dem Flügel. Sie meinen, ihr zufällig einmal zeitlich mit der Fütterung zusammenfallendes Verhalten ließe das Futter kommen. Und alle 20 Sekunden wird diese Erwartung bestätigt. Ein etablierter Aberglaube ist fast unausrottbar, auch wenn er sich häufig als Irrtum erweist.

Doch zurück zur Wissenschaft. Zurück zum beginnenden Leben. Wenn das erste Complexum der Biologie – auf welche Weise auch immer – geboren ist, muss man zeigen, wie daraus die Fülle der Flora und Fauna erwächst, wie die Entwicklung alle biologischen Formen zu vielen ähnlichen Varianten führt.

Wir müssen eine Brücke schlagen zwischen den abstrakten Begriffen des Complexums, seiner genetischen Information und der Realität einer überall auftretenden biologischen Vielfalt. Bei allen Organismen besteht ja eine Tendenz zur Entfaltung von Verschiedenheit – zur Aufspaltung in mehreres Ähnliche, zur Differenzierung in eine Fülle von schillernder Vielfalt und Heterogenität. Evolution fördert Vielförmigkeit. Mannigfaltigkeit wächst: Buntheit, Reichtum an Gestalten und Formen – alles muss erprobt werden. Wir mögen das. Es lässt sich selbst zur Werbung benutzen.

(© Opel Classic-Archiv)

Wie kommen diese Hunderassen zustande? Der entscheidende Begriff ist „Mutation“. Mutationen sind einfach Druckfehler bei der Replikation der Erbschrift. Es kann ein falscher Buchstabe benutzt oder ein Stück ausgelassen werden, es kann ein ganzes Stück falsche Schrift hineingeraten usw. Mutationen sind nicht vorhersagbar, sind ausgelöst durch molekulare Umlagerungen, also zufällige, akausale Quanten-Vorgänge. Häufig verliert das Complexum durch solche Änderung seine Harmonie. Das hat dann für die „Mutante“ tödliche Folgen. Nur in seltenen Fällen ist die abgeänderte Form lebensfähig und erzeugt als Abzweigung eine neue Nebenlinie, die später, wenn zur geänderten Erbinformation auch noch eine Trennung hinzukommt (s. dazu Kap. 8), auch zu einer neuen Art führen kann.

Der schöpferische Irrtum

„Irrtümer haben ihren Wert jedoch nur hie und da. Nicht jeder, der nach Indien fährt, entdeckt Amerika.“

Erich Kästner

Nebenbei bemerkt: Dieses Verzweigen in Vielfalt beschränkt sich nicht auf die Welt der Lebewesen. Auch Religionen spalten sich – nicht nur die christliche tat das, wieder und immer wieder, auch Islam und Buddhismus haben ihre Untergliederungen. Ähnliches gilt für Verwaltungen, für Sprachen, für Berufe. Überall gibt es Verzweigungen. Sie scheinen eine zwangsläufige Folge von Entwicklung zu sein, bei der sich Abweichungen offenbar nie vermeiden lassen. Sprachlich übrigens interessant, dass die offenbar weniger geschätzte Einförmigkeit durch Fremdwörter wie „monoton“ oder „uniform“ ausgedrückt wird. Tatsächlich sollte man Angst nur vor Einfalt haben, nicht vor Vielfalt. Doch zurück zum Thema.

Wenn ein Complexum für eine Verzweigung abgeändert und dabei eventuell auch vergrößert wird, bestehen für diese Abänderungen zunächst beliebig viele Freiheiten. Da aber jede Änderung zum bis dahin Gewachsenen passen muss, bestehen auch viele Beschränkungen, die die meisten Änderungen nicht auf Dauer zulassen.

Ein Modell in englischer Sprache soll diese Abhängigkeit vom schon Vorhandenen veranschaulichen. Dabei symbolisieren einerseits ein sprachlich vertretbarer, grammatisch korrekter und sinnvoller Satz biologische Lebensfähigkeit, andererseits sprachliche Inkorrektheit oder Unsinn das Fehlen der Replikationsmöglichkeit. Nehmen wir an, wir hätten das Complexum

HE SAW A COW

so könnte dieses (ebenso wie eine biologische Art) in vielerlei Richtungen erweitert oder verändert werden, zum Beispiel zu

HE SAW A CROW
SHE SAW A COW
HE SAW A GIRL

usw.

Aus der riesigen Fülle der Möglichkeiten wären allerdings weitaus die meisten Erweiterungen nicht zugelassen (nicht lebensfähig), zum Beispiel:

HE SAW MCOW
HW SAW A COW
HE TREE SAW A COW

usw.

Auf eine erlaubte Erweiterung kann weiter aufgebaut werden, zum Beispiel:

HE SAW A GIRL
SHE SAW A GIRL
HE SAW A PRETTY GIRL
SHE SAW A PRETTY GIRL

usw.

Eine weitere Änderung (Mutation) kann auch in einer „Inversion“ (Umdrehen eines Abschnitts) bestehen. Jedoch muss auch dabei das neue Complexum einen zwar veränderten, aber korrekten Sinn behalten, sonst kann es sich ja nicht mehr replizieren:

SHE SAW A PRETTY GIRL
SHE WAS A PRETTY GIRL

Und noch eine weitere Integration mit einem sinnvollen Complexum:

SHE WAS A PRETTY LOOKING GIRL

Dann eine „Translokation“ (eine neue Reihenfolge der Gene), hier zugleich verbunden mit einer weiteren Integration:

SHE WAS A PRETTY LOOKING GIRL
SHE WAS A PRETTY GIRL LOOKING FOR A JOB

Aber auch bei Aufnahme sinnvoller Complexa passt (wie in der Evolution) das Zugefügte meist nicht. Hier Beispiele:

SHE GIVE WAS A PRETTY GIRL
SHE WAS A PRETTY GIRL HOPE
SHE WAS A COMING TRAIN PRETTY GIRL

Jede erfolgreiche Erweiterung oder Änderung bringt aber auch zusätzliche Einschränkungen. Dazu dieses Beispiel:

IT WAS A PRETTY GIRL

Erlaubt ist dies:

IT WAS A PRETTY GARDEN

Und dies geht auch:

LUCY WAS A PRETTY GIRL

Aber beides zusammen geht nicht:

LUCY WAS A PRETTY GARDEN

Das zeigt, wie Erweiterungen oder Veränderungen zu neuen, bisher nicht vorhandenen Beschränkungen der zuvor möglichen Freiheiten führen.

Wenn das eine erst passiert ist, gibt es neue Einschränkungen.

Da die molekulare Erbschrift nicht nur oberflächlich, sondern in ihrem Kern dem Text einer Sprache verwandt ist, sind die behandelten sprachlichen Beispiele keine primitiven Eselsbrücken, sondern können als Analogie zur Erbschrift aller Lebewesen gesehen werden.

Bilanz: Complexa wachsen in beschränkter Freiheit in selbstbeschränkender Freiheit. Sie sind Produkte von so genannten **Markoff-Prozessen**, das heißt von Prozessen, bei denen die Ergebnisse vorausgegangener Zufallsereignisse die Wahrscheinlichkeiten nachfolgender Zufallsereignisse beeinflussen.

Biologische Evolution ist wie ein Schachspiel ohne Gegner. In jeder Spielsituation erlauben die Regeln viele Züge, doch der bisherige Spielverlauf entscheidet, welcher nächste Zug sinnvoll wäre. Die Vergangenheit beeinflusst die Möglichkeiten der Zukunft. Zufälle von gestern und vorgestern wirken auf die Chancen der Zufälle von heute und morgen – und meist in Richtung vermehrter Beschränkungen. Denn jede neue Erweiterung oder Änderung muss stets zu dem schon Bestehenden passen.

Seitenblick: noch einmal die **Markoff-Kette**

Nehmen wir Protokolle von Würfelergebnissen:

4231255363213421165	Das war reiner Zufall.
1234561234561234561	Hier herrscht Ordnung.
2561456323614523214	Und dies ist eine Markoff-Kette.

Auch wenn sie zunächst wie der reine Zufall aussieht – die Markoff-Kette ist „schmutziger" Zufall. Der Würfel folgt „bedingten" Wahrscheinlichkeiten. Die nicht so offenbare Bedingung besteht in unserem ganz einfachen Beispiel darin, dass auf eine gerade Zahl stets eine ungerade und auf diese wieder nur eine gerade folgen darf. Andere Wurfresultate fallen unter den Tisch. Zwischen den einzelnen Würfen bestehen also Relationen, nämlich die, dass sich gerade und ungerade Zahlen abwechseln müssen. Um solche Bedingungen zu erkennen, muss das Protokoll lang genug sein; je aufwändiger die Bedingungen, desto länger. Wenn Sie Spaß dran haben, können Sie hier den rechten Teil der folgenden Tabelle zuhalten und die Bedingungen der Zahlenreihe links suchen:

56214211654212554652	Alles, nur keine 3.
312551632134221616544125	Auf jede Doppelzahl muss eine 1 folgen.

Biologische Complexa sind Organismen, deren genetische Information sich schrittweise durch Zufälle auf Markoff'sche Weise in „selbstbeschränkender" Freiheit entwickelt hat. **Der beschränkende Zufallsturm der Vergangenheit ist ein Fundamentalaspekt aller Evolution.** Aber zurück zu Verzweigungen.

Wir haben in Kapitel 3 bereits diskutiert, dass alle Lebewesen den gleichen genetischen Code für das Lesen ihrer Schrift benutzen. Diese Schrift kennt nur vier Buchstaben: A, T, G und C, die von je einem Molekül dargestellt werden. Die vier Molekülarten können sich in beliebiger Reihenfolge zu Fadenmolekülen von unvorstellbarer Länge verbinden und sich – wie die Nobelpreisträger Watson und Crick 1953 beschrieben – in voller Länge verdoppeln. Dabei sammeln sie die Moleküle A, T, G und C Buchstabe für Buchstabe aus der Ursuppe und setzen sie der Vorlage entsprechend als Kopie zusammen (Replikation).

Aber nicht nur das: In einem komplizierten Prozess wird die Sequenz der DNA-Buchstaben in eine Schrift aus 20 verschiedenen Aminosäuren übersetzt (Translation), die zu spezifischen Enzymen und schließlich zu aller Gestaltung des Lebewesens führen. Dabei ist eine dreidimensionale Faltung der Proteine, die sich aus der Schrift der Aminosäuren ergibt, von entscheidender Bedeutung für alle Formgebung (das Beispiel auf der folgenden Seite ist zweidimensional vereinfacht).

Diese Fähigkeiten bilden den Kern aller Lebens- und Vererbungsvorgänge. Wenn Leben auf Geheimnissen beruht, dann auf diesen.

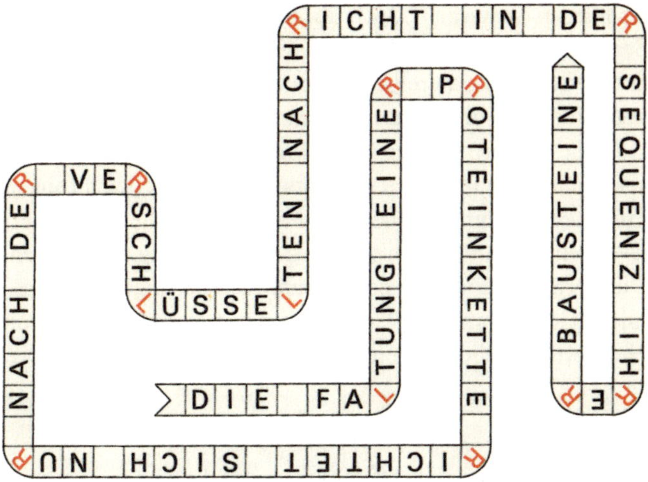

Schrift wird zu Gestalt: Faltung eines eindimensionalen Schriftbandes zu einer zweidimensionalen Struktur entsprechend der im Schriftband selbst enthaltenen Anweisung. R = rechts abknicken, L = links abknicken

Wir dürfen die Frage der Lebensentstehung nicht verlassen, ohne die historischen Vorstellungen einer Urzeugung zu erwähnen. Seit der griechischen Philosophie galt die spontane Urzeugung das ganze Mittelalter hindurch bis zu Pasteur (1822–1895) als erwiesen. Schließlich war das doch jederzeit nachprüfbar. Alles kleine Getier konnte doch in feuchtem Schmutz oder im Schlamm entstehen – ja, auch Mäuse in Lumpen, die man in einer Scheune lange genug liegen ließ. Wer daran zweifelt, sollte es probieren! Zwar hatte schon Francesco Redi (1626–1697) experimentell gezeigt, dass sich Fliegen niemals von selbst, sondern stets nur aus Eiern anderer Fliegen entwickeln, doch überzeugte erst der französische Begründer der Bakteriologie Louis Pasteur die wissenschaftliche Welt, dass generell eine spontane Urzeugung, selbst die von Mikroben aller Art, nicht stattfindet.

„Ha“, freut sich der Creationist noch einmal, „es ging also nicht.“ Er übersieht nur, dass Pasteurs Beobachtungen räumlich auf einige Glasflaschen voller vorher sterilisierter Bouillon und zeitlich auf einige Monate begrenzt waren. Die Verallgemeinerung seiner Schlussfolgerung auf das gesamte Urmeer unseres Planeten und auf eine Zeitdauer von Hunderten Millionen von Jahren ist daher recht fragwürdig.

6 Sündenfall – auch in biologischer Evolution?

Evolution unter Systemzwang

„Das Geschehen in der Natur scheint einen viel höheren Grad von gesetzlicher Gebundenheit zu zeigen, als in der von uns gedachten Kausalität liegt.“

(Albert Einstein)

Woher es auch immer kam – vor vier Milliarden Jahren war es da: das erste Leben auf dieser Erde. In den Augen von Clausius zwar schon ein riesig aufwändiges Complexum, aber andererseits doch ein noch äußerst mangelhaftes Kollektiv aus einigen Proteinen und Nukleinsäuren, die gemeinsam recht und schlecht eine stümperhafte Selbstreplikation zuwege brachten. Das ging nur langsam und fehlerhaft.

Stellen wir uns so ein mickriges Complexum allein am Rande einer riesigen Ursuppe zwischen lauter kleinen Molekülen vor. Wenn seine Replikation fehlerfrei verliefe, würde sich die Ursuppe ganz langsam mehr und mehr mit lauter gleichen mickrigen Complexa dieses Typs füllen. Evolution? Fehlanzeige! Wir verdanken alle Artenfülle den Fehlern, der Ungenauigkeit. Ohne Fehler bei der Replikation gäbe es keine Entwicklung, keine Mannigfaltigkeit – gäbe es uns nicht.

Besonders faszinierend an diesem Prinzip einer unscharfen, das heißt fehlerhaften Selbstreplikation ist ein damit unausweichlich verbundener **Systemzwang** zu evolutiver Perfektionierung – und das in mehrfacher Hinsicht. Um es deutlich zu machen:

> Ein Systemzwang liegt vor, wenn in irgendeiner Situation der Evolution weitere Entwicklung mit Sicherheit vorherzusagen ist, obwohl Zufallsereignisse daran entscheidend beteiligt sind.

Solche Zufallsereignisse sind hier all die kleineren und größeren Mutationen – Fehler, die bei der Replikation auftreten und Unterschiede, das heißt Verzweigungen in alle Richtungen möglich machen.

- **Der erste Systemzwang** in der Ursuppe führt so unweigerlich zu schnellerer Replikation, weil die glücklichen, durch eine Zufallsänderung etwas schnelleren Complexa bald die langsameren überwuchern werden. Die Beschleunigung der Replikation ist unausweichlich.
- **Ein gleichzeitiger zweiter Systemzwang** lässt die Genauigkeit der Replikation anwachsen. Je ungenauer sich die Complexa verdoppeln, desto häufiger werden sie Ausschuss (nicht lebensfähige Kopien) produzieren, insgesamt also weniger Nachkommen haben, auch wenn sie gleich schnell sind. Deswegen werden sich die Genaueren langsam durchsetzen.
- **Beim dritten Systemzwang** schließlich wird zwangsläufig auch die Stabilität – mit anderem Wort: die Lebensdauer – der Complexa anwachsen, da länger lebende Complexa, auch wenn sie weder schneller noch genauer als andere sind, in ihrem längeren Dasein doch mehr Nachkommen erzeugen. Dazu gehört auch dieses: Der Zusammenhalt der ursprünglich vermutlich getrennten Teile des so erfolgreichen Complexum wird sich mit Sicherheit festigen. Der Vorteil einer möglichst engen räumlichen Bindung aller zur Replikation essenziellen Teile ist leicht einzusehen.

Insgesamt wird sich durch diesen mehrfachen Systemzwang bald eine Vielfalt von immer schnelleren, immer genaueren, immer stabileren und immer kompakteren Complexa in der Ursuppe ansammeln. Diese Entwicklungen sind unausweichlich. So präsentiert sich „Selektion" – Grundbegriff aller Evolution – bereits bei den ersten Schritten des Lebens als Systemzwang von Replikation, Mutation und Umwelt. Nur durch fehlerhafte Replikation konnte es Evolution geben. Ungenauigkeit und Systemzwang seien gepriesen – schließlich haben sie unsere Existenz ermöglicht.

Eigentlich ist in diesem mehrfachen Systemzwang
„verzweigter und dabei schneller, genauer,
stabiler, kompakter"

die ganze Entwicklung zu Mannigfaltigkeit und biologischer Perfektion vorprogrammiert. In anderen Worten: Zunahme und Ausbreitung der genetischen Information scheint mit Beginn des Lebens in einer geologisch und klimatisch sich immer wieder ändernden Welt ein **zwangsläufiger** Prozess – es sei denn, eine Katastrophe löschte das gesamte Leben aus.

Aber langsam! Zunächst ist zwar eine weitere Entwicklung des Lebens unausweichlich vorgegeben, doch muss sich durch die exponentielle Vermehrung der Strukturen bald der Vorrat an geeigneten Baustein-Molekülen in der Ursuppe erschöpfen. Die Vermehrung der Complexa kommt dadurch zum Stillstand. Entzieht Evolution sich selbst den Boden?

Aus dieser kritischen Lage des Mangels erwächst notgedrungen weiterer Fortschritt. Denn bei einigen unter den Milliarden und Abermilliarden Complexa werden durch Zufall Oberflächen auftreten, die gewissermaßen als Ur-Enzyme wirken und die Umformung noch vorhandener Moleküle in die benötigten Mangel-Moleküle ermöglichen.

Auch wenn es eine Weile dauert, dieser erste Schritt zu einem Stoffwechsel und dessen weiterer Ausbau sind unausweichliche Folgen des Systemzwangs einer Replikation mit immer wieder auftretenden Varianten, das heißt zufälligen Ergänzungen und Modifikationen von Molekül-Oberflächen unter den Milliarden der untereinander etwas verschiedenen Complexa. So beginnt die Selektion für Organismen mit zusätzlichen, immer weiter greifenden Stoffwechselschritten, die von den Endprodukten her rückwärts schrittweise aufgebaut werden, bei denen also jeder neu auftretende Mangel an einem benötigten Molekül dadurch behoben wird, dass ein anderes jeweils noch vorhandenes Molekül in das fehlende umgeformt wird. Nur sie können sich weiter fortpflanzen.

Im Laufe der Evolution reihen sich so Hunderte von Schritten des Stoffwechsels aneinander und vereinigen sich zu dem riesigen Netz von mehr als 3 000 biochemischen Reaktionen als Grundlage aller Lebensprozesse.

So weit so gut, aber das Leben braucht nicht nur Baumaterial, ebenso wichtig ist Energie, sind also die Moleküle, die für all die Umbauten des Stoffwechsels die nötige Energie beisteuern können. Schließlich werden auch diese Energie-Lieferanten knapp. Sie hatten ihre Energie in der vorbiologischen Phase der Evolution durch Strahlung und Umlagerungen erworben. Bei immer schneller anwachsendem Bedarf sind aber recht bald alle Moleküle der Ursuppe, die nutzbare Energie bereithielten, verbraucht. Statt in der einst fetten Urbouillon schwimmen die Complexa jetzt in einer mageren Salzlake. Also früher oder später ist doch wieder Schluss?

Sind sämtliche in der materiellen Evolutionsphase angelegten Vorräte aufgezehrt, so gerät das Leben in eine totale Energiekrise, die zur Erschließung grundsätzlich neuer Quellen zwingt – ein Problem, das dem der heutigen Menschheit durchaus ähnlich ist, bei dem sich unsere Hauptenergiequellen, Kohle und Erdöl, auch angelegt in der vorhergehenden, der biologischen Phase der Evolution, erschöpfen. Viele Probleme der Evolution wiederholen sich auf einer höheren Ebene.

Wenn es überhaupt weitergehen kann, damals in der ersten und heute in der zweiten großen Energiekrise, dann nur durch Erschließung bisher ungenutzter Energiequellen. Rettung kam schon damals von der Sonne, deren Licht glückliche Organismen in chemische Energie umwandeln konnten, das heißt von der Photosynthese, bei der aus Kohlendioxyd und Wasser Zuckermoleküle gebildet werden.

Wir wissen nicht genau, wann das begann. Es mag schon sehr bald in der Evolution nötig geworden sein. Cyanobakterien (früher Blaualgen genannt) sind jedenfalls zur Photosynthese fähig und haben vermutlich schon vor 3,5 Milliarden Jahren existiert. Ihre starke Vermehrung und damit wachsende Sauerstoffkonzentration in der Atmosphäre hat zweifellos früh auch zu beachtlichen Klimaveränderungen geführt und später vielen Organismen das Leben auf dem Planeten überhaupt erst ermöglicht. Cyanobakterien sind noch heute in mehr als 2 Tausend Arten überall im Wasser verbreitet. So ist die Sonne als Energiequelle entscheidend an aller Evolution beteiligt.

Es scheint, dass spätestens an dieser Stelle – wahrscheinlich aber schon früher – ein Zwang auftritt, die glücklich durch Photosynthese erreichte Energieversorgung auch für alles andere Leben zu nutzen. Wenn nämlich Zufälle der Evolution erlauben, in alle Richtungen zu experimentieren, sollten früher oder später im ständig suchenden Spiel der Moleküle durch glückliche Zufälle auch Strukturen mit der uns interessierenden Komplexität entstehen, die es ermöglicht, ein anderes Complexum als Nahrung zu verwenden. Statt mühsam Molekül für Molekül zu sammeln, kann durch Verschlingen eines anderen der gesamte Energie- und zugleich der gesamte Nahrungsbedarf mit einem Schlag gedeckt werden.

Natürlich ist die Wahrscheinlichkeit für einen solchen Fall wieder extrem klein, aber es gibt ja Milliarden und Abermilliarden von hungrigen Complexa auf der Suche. Und sie haben Zeit, Millionen Jahre Zeit für diese Suche. So treten schließlich außer den friedlichen „Pflanzen" mit Photosynthese auch die „Tiere" in Erscheinung, die davon leben, anderes Leben zu fressen. Leise, aber unwiderruflich ist das Töten in die Welt gekommen – und mit diesem die Furcht vor den anderen. Man frisst jetzt seinen Nachbarn. Wenn das kein Fortschritt ist!

Da alles, was möglich ist, auch erprobt wird, ist die Suche nach Nahrung, die Jagd auf Beute ständig raffinierter geworden – wiederum ein Systemzwang, unausweichlich. Man muss das wohl den Sündenfall der Evolution nennen. Bis zu diesem Tag nämlich schwamm Complexum neben Complexum friedlich in einer „paradiesischen", angstfreien, wenn auch – zugegeben – langsam immer hungrigeren Welt. Dann verschlang das erste Complexum seinen Nachbarn. Das Paradies wurde verschlossen. Der Löwe fraß das Lamm: ein Systemzwang. So ist unser Universum, so ist es be- oder geschaffen – wie Sie wollen.

Aber nicht jedes Zusammentreffen war feindlich. Auch der so wichtige und sicher schwierige Schritt von den anfänglich kernlosen Einzellern zu den echten Zellen mit Kern, Protoplasma und Zellmembran vollzieht sich vermutlich in ähnlichem Rahmen. Aus den vielen meist ergebnislosen Begegnungen freundlicher oder feindlicher Art resultieren gelegentlich auch dauerhafte Verschmelzungen mit weit tragenden Konsequenzen. Man sollte zahlreiche Varianten solcher Integrationen erwarten. Sie vereinen symbioseartig verschiedenste primitive Complexa mit unterschiedlichen Fähigkeiten. Aus all der Fülle dieser Versuche tauchen irgendwann hier oder da leistungsfähige Zellen mit diversen inneren Strukturen auf, wie zum Beispiel Mitochondrien (vgl. Kap. 9).

Bisher sind wir noch im Bereich der einzelligen Organismen geblieben, auch wenn wir bereits dort die große Trennung von Flora (lebt von Molekülen und Photosynthese) und Fauna (lebt von anderem Leben) erkennen. Mit einiger Mühe haben wir uns auch – alle Einzelheiten weise vermeidend – durch den Dschungel der Prokaryonten zu den echten Zellen der „Eukaryonten“ (mit Kern, Membran, Protoplasma) durchgeschlängelt.

Wie kommt es nun zum Vielzeller? Der Befund, dass mehrmals unabhängig voneinander sowohl im Tier- als auch im Pflanzenreich Einzeller nach ihren Teilungen beieinander blieben und einen Verband bildeten, lässt auch diese Integration zwangsläufig erscheinen. Anfangs war es wohl einfach die Größe, die vor dem Gefressenwerden und vor Austrocknung schützte – dann aber, einmal etabliert, bot der Vielzeller den wichtigen Vorteil einer vielfältigen Arbeitsteilung unter den Mitgliedern des Zellverbands.

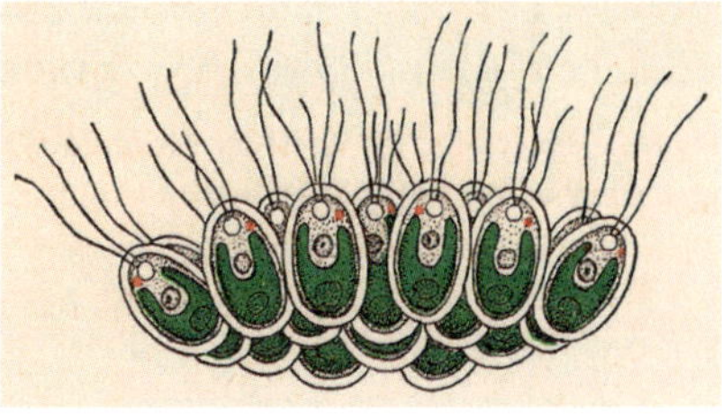

Gonium ist ein Verband aus 16 gleichen Zellen (Aus: Linder Biologie, 22. Aufl., S. 40; © Bildungshaus Schulbuchverlage Westermann Schroedel Diesterweg Schöningh Winklers GmbH; www.schroedel.de)

Wieder entwickelt sich dabei Verschiedenes aus ursprünglich Gleichem. Einzelne Gruppen von Zellen übernehmen bestimmte Aufgaben für den Gesamtverband. Manche sorgen für die Ernährung, andere für die Fortbewegung, noch andere für die Vermehrung. Jede Zelle ist dadurch zwar unselbstständig geworden, aber auch vieler Probleme ledig, und sie kann sich nun ganz ihrer speziellen Aufgabe widmen und darin Perfektion anstreben. Man kooperiert zum Wohle der Gemeinschaft. Ganz Ähnliches wird sich später bei der Arbeitsteilung in der menschlichen Gruppe entwickeln.

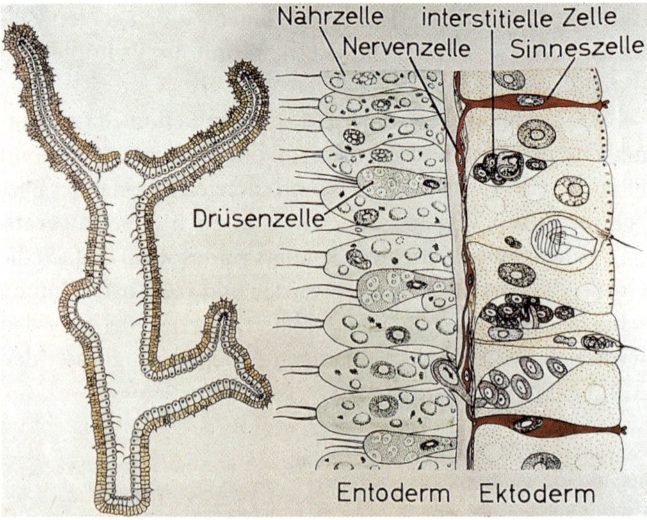

Hydra – ein einfacher Vielzeller (Schautafel, vereinfacht; © Zoologisches Institut der Universität Münster)

Mehr als die aller anderen interessieren uns dabei die Möglichkeiten eines bestimmten Zelltyps, nämlich die Fähigkeiten der Nervenzellen. Diese bilden ein Netz durch den gesamten Vielzeller und können so das Verhalten seiner einzelnen Teile koordinieren. Dazu führen bei höheren Tieren alle Nervenleitungen schließlich ins Gehirn.

Jan Swammerdam (1637–1680), Entdecker der roten Blutkörperchen, hat in unglaublicher Sezierarbeit mithilfe des gerade entwickelten Mikroskops auch dieses gesamte Nervennetz einer Honigbiene präpariert:

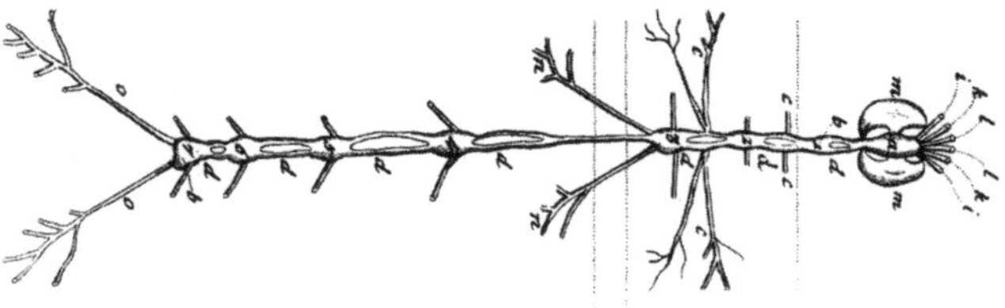

Bevor wir in Kapitel 7 zu Fragen des Gehirns kommen, muss noch ein ganz anderes Problem gelöst werden. Wir haben gerade den Aufbau eines gewaltigen Stoffwechselnetzes behandelt. Dieses Netz ist jetzt in praktisch allen Complexa am Werke. Wer Teile davon nicht mitbekommen hat, befindet sich hoffnungslos im Hintertreffen – zum Aussterben verurteilt.

Jedem neu erworbenen enzymatischen Schritt aber liegt ja auch ein neues Stück Nukleinsäure, ein neues „Gen", zugrunde. Schritt für Schritt wächst die Menge genetischer Information und damit die der Komplexität. Das wirft ein neues Problem auf. Je mehr Gene der Organismus aufsammelt, desto unwahrscheinlicher wird eine für alle fehlerfreie Replikation. Zunächst hilft noch die Erfindung einer enzymatischen Korrektur der aufgetretenen Fehler weiter. Es entwickeln sich sozusagen molekulare Reparaturkolonnen, die die Erbschrift entlanggehen und Fehler der Kopie suchen und ausbessern. Aber dann muss als Ausgleich zum Wachsen des Stoffwechselnetzes auch die Genauigkeit der Replikation stark zunehmen.

So weit so gut, aber weniger Fehler bedeuten dann auch, dass die hoffnungsvollen Irrtümer, die weiteren Fortschritt bringen könnten, seltener und seltener werden. Wieder scheint sich die biologische Evolution durch ihre Entwicklung in einer Sackgasse festzufahren.

Aus dieser Zwickmühle muss wieder eine ganz neue Erfindung helfen, welche die zur Erprobung stehenden Varianten wesentlich vermehrt. Die Rettung des evolutiven Fortschritts bringt die „grüne Großohrkatze", seriöser: die Erfindung der Sexualität.

Unter vielen gefleckten Katzen – es könnten ebenso auch gleichmäßig graue sein – kommen gelegentlich, wie bei allen Lebewesen, Abweichungen vor. So hat die eine Variante größere Ohren und kann besser das Rascheln der Mäuse hören, während eine andere eine grünliche Fellfarbe erworben hat, die das Anschleichen im Gras erleichtert.

Wenn die beiden sich nun treffen,

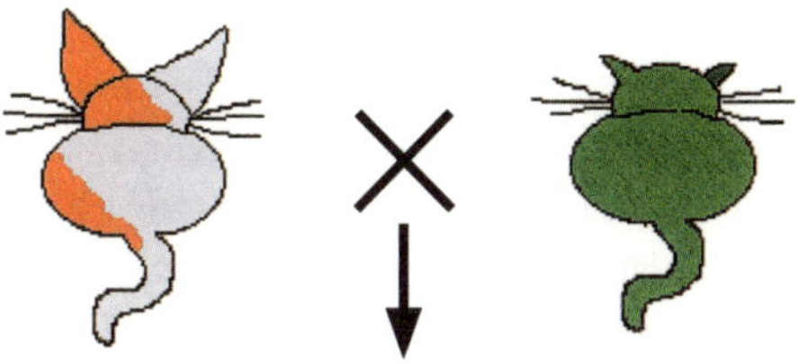

taucht unter ihren Nachkommen die grüne Großohrkatze auf –

der beste Mäusefänger in weitem Umkreis.

Bei solcher Paarung kommen die Erbinformationen von zwei Eltern zusammen und werden dann nach Mischung zufallsgemäß auf die Nachkommen verteilt. Mit Glück kann man also von beiden Eltern nützliche Eigenschaften erben. Die Pechvögel bei dieser Lotterie scheiden einfach aus – es gibt genug Gedränge im Pool.

Hierhin passt eine Anekdote über Bernhard Shaw. Als eine charmante Dame ihn mit den Worten anhimmelte: „Stellen Sie sich vor, Meister, wir hätten Kinder – mit Ihrem Kopf und meinem Körper!", entgegnete Shaw: „Vorsicht, Vorsicht, meine Liebe, es könnte auch umgekehrt kommen!" – Man sieht: Jede Hoffnung birgt auch ein Risiko.

Aber kann denn jeder mit jedem? Anfangs bei großer Ähnlichkeit vermutlich, aber dann bildeten sich zwei Geschlechter heraus. Und noch etwas Neues formierte sich dabei, denn Sexualität bedeutete zugleich den Zusammenschluss vieler einzelner, ähnlicher Individuen zu einer Gemeinschaft, zu einer biologischen „Art", die ja definiert ist als die Menge von Pflanzen oder Tieren, die durch Sexualität gemeinsame Nachkommen erzeugen können. Dabei übersehen wir kleine Schwierigkeiten, zum Beispiel, dass Tiger und Löwen (in der Natur sexuell völlig getrennt) als Experiment des Menschen doch erfolgreich gekreuzt werden können und danach eigentlich gar nicht als verschiedene Arten bezeichnet werden sollten.

Die Bedeutung der Sexualität auch für Pflanzen würdigt ein Satz von Großvater Erasmus Darwin:

> *„Es ist wahrscheinlich, dass ohne sexuelle Zeugung von Pflanzen vielleicht nicht der tausendste Teil ihrer Arten existieren würden."*
>
> (Erasmus Darwin, zit. nach Krause 1880, S. 164)

Wir sind auf dem Rücken der Systemzwänge vom ersten Wispern des Lebendigen bis zur Sexualität gerauscht, ohne einen Blick auf den Zeitmaßstab zu werfen. Daran soll jetzt noch einmal erinnert werden:

Das Universum entstand in einem Urknall vor 13,7 Milliarden Jahren. Unser Sonnensystem bildete sich vor 4,6 Milliarden Jahren. Die Erde war zunächst glühend heiß, in Wasserdampf gehüllt und recht ungemütlich. Die Abkühlung ihrer Oberfläche brauchte etwa eine Milliarde Jahre. Dann war die Bühne für die Evolution des Lebendigen gerichtet. Älteste Sedimentationsgesteine fand man in Australien und Grönland. Fossilien von Cyanobakterien und das Mengenverhältnis der Kohlenstoff-Isotope lassen organisches Leben in solchem bis 3,7 Milliarden Jahre alten Gestein vermuten. Zellen mit richtigem Zellkern gibt es erst deutlich später, seit 2 Milliarden Jahren, noch etwas später erscheinen die ersten vielzelligen Algen.

Verständlicherweise sind Versteinerungen aus diesen frühen Phasen der Erde schwer zu finden und schwer zu bestimmen. Die theoretische Analyse kann kaum Bestätigungen durch fossile Funde erwarten. Der Vorhang der Evolution öffnet sich jedoch schlagartig vor 530 Millionen Jahren, kurz nach der „Kambrischen Explosion“. (Der Beginn des Kambriums wird vor 570 Millionen Jahren am Ende des Paläozoikums angesetzt.)

Von Explosion spricht man, weil schlagartig eine unerwartete Menge an verschiedenen neuen Formen (von vielzelligen Weichtieren) gefunden wurde, sogar an zwei Stellen der Erde. Reiche Fossilfunde der Tierwelt eines früheren Meeresgrundes offenbarten an beiden Orten ähnliche, bis dahin unbekannte Organismen, von denen man auch keine Spuren irgendwelcher Vorläufer kannte (was ja keineswegs heißt, dass es für diese keine lange Entwicklungszeit gegeben hätte). Die Fossilien solcher Winzlinge sind nur weniger auffällig als die Knochen von Dinosauriern.

Die beiden Fundorte sind der Burgess Shale in den kanadischen Rocky Mountains (530 Millionen Jahre alt) und das südchinesische Chengji-ang (525 Millionen Jahre alt). An beiden Orten entdeckte man eine sehr ähnliche Urwelt, nämlich eine Reihe ganz verschiedener Grundbaupläne von Weichtieren. Doch von all diesen Typen fand man nur relativ wenige Varianten. Eine von diesen Grundformen, genannt Myllokunmingia, sieht so aus:

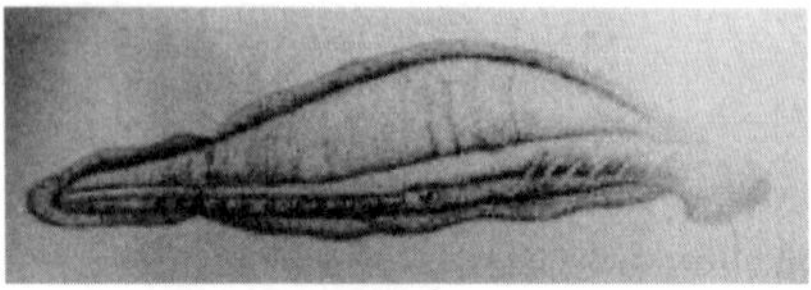

Weichtier-Fossil, entdeckt 1999 in den Chengjiang Maotianshan Shales (© Virtual Fossil Museum)

Dieser Typ besaß einen Rückenstützstab, in dem man einen Vorläufer unserer Wirbelsäule vermuten kann. Er hat offenbar die Zeiten überlebt, während die meisten der anderen 25 gefundenen Grundtypen später ausgestorben sind.

Ihr Verschwinden bringt uns zur grundsätzlichen Frage des Todes von Einzelwesen und des Aussterbens ganzer Arten. Fachleute berechnen, dass insgesamt nur 0,1 % (!) aller je existierenden Arten bis heute überlebt haben. Eine solche Aussage verdeckt die Schwierigkeit, zu entscheiden, wann eine sich in Millionen Jahren verändernde Art als ausgestorben und als durch eine Nachfolger-Art ersetzt anzusehen sei, so dass man also von zwei Arten sprechen sollte. Die Prüfung durch Kreuzbarkeit ist dann ja schwierig!

Die Bibel lehrt, dass der Tod eine Folge des Sündenfalls sei. Dem widersprach 1903 (Heft 31) der „Simplicissimus“: Adam hätte den Apfel gar nicht genommen. Eva hätte ihn daher einem Gorilla gegeben. So sei Darwins Lehre bewiesen, meinte der „Simplicissimus“ in nebulöser Logik.

(Olaf Gulbransson, „Vorschlag zur Güte“, © VG Bild-Kunst, Bonn 2010)

Sollten wir die Schuld zu Evas Entlastung besser auf die Schlange schieben? Oder müssen wir die Verantwortung gar Adam ankreiden? Jedenfalls kam, nach der Bibel, der Tod mit dem Rauswurf aus dem Paradies – ein Teil der wegen Ungehorsams verdienten Strafe, sagt die Bibel. Tod als Strafe – auch alle Tiere, groß und klein, müssen ohne Schuld sterben. Erbsünde? Weitgreifende Sippenhaftung? Gerechtigkeit?

Wollte Gott das so? Warum und wie kam das Böse überhaupt in die Welt? Nach der christlichen Lehre gab Gott den Menschen und den Engeln den freien Willen. In beiden Gruppen wurde das göttliche Entgegenkommen missbraucht. Luzifer, ein mythischer Engel, wurde zum Satanas und zum Gegenspieler Gottes.

Papst Paul VI. nannte 1972 den Teufel eine „schreckliche Realität" und erklärte, wer die Existenz dieser Realität bestreite, stelle sich außerhalb der biblischen und kirchlichen Lehre. 1999 erschien im Vatikan sogar eine neue Auflage der Betriebsanleitung für Teufelsaustreibungen, des „Rituale Romanum". Auch der jetzige Papst Benedikt XVI. erklärte den Teufel zu einer mysteriösen, aber realen, personalen und nicht symbolischen Präsenz.

Hier sind die Burschen:

Engel und Teufel (Grandville)

Aber zurück zur ernsten Frage des Todes. Bei der Evolution ist die Rede immer nur von den Überlebenden, die sich stets weiterentwickeln, obwohl die meisten als weniger „passend“ ausrangiert werden. Waren das alles schlecht geglückte Versuche des Zufalls?

Im Laufe der Erdgeschichte gab es mehrere Globalkatastrophen mit Massensterben, die letzten vor 248, vor 213 und vor 65 Millionen Jahren. Für die wenigen überlebenden Arten gab es danach einen breiten Raum für neuerliche Entfaltung. Aber von solchen Einschnitten abgesehen, haben sich die meisten Arten wohl ganz leise ohne Getöse verabschiedet. Ein solcher Verdacht taucht schon beim Burgess Shale auf und begegnet uns immer wieder, bis hinauf zu der Frage nach dem Verbleib der Stämme des Homo erectus, die einst weltweit auswanderten (vgl. Kap. 11). Warum gehen so viele Arten sang- und klanglos aus der Welt? Können auch nur kleine Veränderungen der Umwelt zum Ende einer Art führen?

Bernhard Rensch, 1990 verstorbener Professor an der Universität Münster, hat immer den grundlegenden Regeln im Ablauf der Evolution nachgespürt. Die Artenverzweigung teilte er in drei Phasen: die der häufigen Aufspaltung, dann die einer fortschreitenden Spezialisierung und schließlich die der Überspezialisierung, die an den Rand des Aussterbens führe.

In speziellen Fällen versteht man das. Wenn zum Beispiel geringe Klimaänderungen die einzige Futterpflanze eines Tiers knapp werden lassen und diese dann überweidet wird, ist auch das von ihr abhängige Tier dem Aussterben ausgeliefert, wenn es keinen Ausweg durch neue Anpassung findet. In diesem Nebensatz steckt des Pudels Kern. Wenn eine Art sich im Laufe der Zeit immer besser, das heißt immer genauer an eine bestehende Umwelt angepasst hat, zum Beispiel mehr und mehr an eine geographische Besonderheit, dann hat sich schrittweise der ganze Organismus in seinem Jagdverhalten, seinem Verdauungssystem, seinen Sexualgewohnheiten und Körpereigenschaften so gut auf diese Situation eingerichtet, so hochspezialisiert angepasst, dass die Flexibilität für ein Ausweichen immer breiter blockiert wird.

Zur Verdeutlichung kehren wir noch einmal zum „pretty girl" aus Kapitel 5 zurück:

SHE WAS A PRETTY GIRL

Dieses konnte sich in viele Richtungen weiterentwickeln, zum Beispiel:

SHE WAS A PRETTY COWGIRL

SHE WAS THE GRANDMA OF A PRETTY GIRL

SHE WAS A PRETTY GIRL
ENTERING THE LIBRARY

SHE WAS A PRETTY GIRL
WEARING A RED BATHING SUIT

Durch Zufall entschied sie sich für diesen Weg:

SHE WAS A PRETTY GIRL LOOKING FOR A JOB

Das war eine interessante Richtung, in der sie sich schrittweise noch weit besser einrichten konnte:

SHE WAS A PRETTY GIRL LOOKING FOR A JOB
AS AN ACTRESS

SHE WAS A PRETTY GIRL LOOKING FOR A JOB AS AN ACTRESS AT A THEATRE

SHE WAS A PRETTY GIRL LOOKING FOR A JOB AS AN ACTRESS AT A CHILDREN'S THEATRE

SHE WAS A PRETTY GIRL LOOKING FOR A JOB AS AN ACTRESS AT A CHILDREN'S THEATRE IN ALEXANDRIA

Das war zu viel, denn dann ging das einzige Kindertheater in Alexandria in Konkurs – sie war hoffnungslos festgefahren. Früher mögliche Erweiterungen würden nicht helfen – weder Großmutter noch die Verkleidung als Cowgirl –: Die Bibliothek braucht keine Schauspielerin, weder mit noch ohne roten Badeanzug.

Das „pretty girl" hat sich zu sehr festgelegt auf das Kindertheater, zu sehr spezialisiert auf eine jetzt nicht mehr tragfähige Richtung. Eine kleine Änderung in der Umwelt, an die das Mädchen bisher so hervorragend angepasst war, wirft sie aus der Bahn des Lebens. Wer sich zu lange in gleicher Richtung anpasst, zu weit in eine Richtung spezialisiert, verliert dadurch die Möglichkeit, sich notfalls völlig anders zu orientieren. Dieser Ast des Lebensbaums bricht ab.

So hatten sich die vielen nach der „kambrischen Explosion" Ausgestorbenen auch wohl zu gut eingerichtet und sich damit die Fluchtwege in die Zukunft verbaut. Aber Evolution geht weiter. Die durch Aussterben entstehenden Lücken bieten ein weites Feld für die Expansion anderer ...

Auch wir Menschen müssen sterben, damit es wieder Platz für die Jungen mit beweglicheren Gehirnen gibt. Müssen wir? Keine Hoffnung von der Medizin? Ist der Systemzwang „Tod" unausweichlich?

Hierhin passt ein recht unbekannter Brief Charles Darwins. Es ist eine Antwort auf eine Anfrage, ob nicht die Lebensdauer der Organismen vom Grade ihrer Vervollkommnung abhinge, so dass der Mensch schließlich, nach weiterer Evolution, das „höchst unangenehme Ereignis" (des Todes) vollständig überwinden könnte. Hier Darwins Antwort:

Feb. 24. 1880. Down, Beckenham, Kent

Geehrter Herr,

Niemand kann wohl, glaube ich, wirklich beweisen, dass der Tod unvermeidlich ist, allein die Zeugnisse zugunsten dieser Annahme sind von ganz überwältigender Kraft, denn sämtliche übrigen lebenden Geschöpfe sprechen dafür. – Ich halte es auch keineswegs für ausnahmslos richtig, dass die höheren Organismen jedenfalls länger leben sollen als die niederen. Elefanten, Papageien, Raben, Schildkröten und manche Fische leben länger als der Mensch. – Jede Weiterentwicklung hängt davon ab, dass eine lange Reihe von Generationen aufeinander folgen, was die Existenz des Todes voraussetzt; es kommt mir daher im höchsten Grade unwahrscheinlich vor, dass der Mensch jemals aufhören sollte, dem allgemeinen Gesetz der Entwicklung zu folgen, was entschieden der Fall wäre, wenn er unsterblich werden würde. Dies ist alles, was ich hierüber sagen kann. Ich bleibe, geehrter Herr, aufrichtig der Ihrige

Ch. Darwin.[1]

[1] Dieser Brief, nicht enthalten in Darwins Briefen (herausgegeben von seinem Sohn), wurde von A. Panchin aus Kiew an die deutsche Zeitung „Kosmos" geschickt.

7 Seit wann gab's denn Vergangenheit?

Gehirn – der Ursprung des Geistigen

„Das Gedächtnis ist einem vernünftigen Geschöpfe gleich nach der Empfindung nötig; es ist von solcher Wichtigkeit, dass, wo dasselbe fehlt, alle unsere übrigen Kräfte größtenteils ganz unnütz sind."

(John Locke)

Genau wie damals, als sich das Leben in die Welt der Materie einschlich, so tauchen auch jetzt winzige Flecken mit völlig neuen Fähigkeiten innerhalb lebender Complexa auf. Sie bereiten zunächst unbemerkt und erst spät erkennbar die dritte Phase der Evolution vor. Unauffällig tritt eine erste Verkettung von Nervenzellen in die biologische Welt, lagert sich als hauchdünne Schicht des Kommenden über die Stufe des Lebens, die ja ihrerseits nur einen winzigen Raum im Universum der Materie einnimmt. Nach der Biosphäre jetzt also die Noosphäre, wie Teilhard sie nannte. Unergründlich in ihren Ursachen und ähnlich offen in ihren Folgen, unvorhersehbar in ihren Möglichkeiten wie damals das beginnende Leben.

An dieser Stelle – und das heißt nicht nur jetzt im Laufe der Darstellung des Buchs, sondern vor allem jetzt in unserem Jahrhundert –, **jetzt** stehen wir am Beginn der unbeschreiblichen Entfaltung der dritten Phase der Evolution. Erwarten Sie nicht, dass man die Unschärfe ihres Anfangs beseitigen könnte. Auch am Beginn des Lebens war der Übergang fließend. Vermutlich gab es damals viele kleine Versuche, die bald zusammenfielen, bis schließlich einem glücklichen ersten Complexum der Durchbruch auf Dauer gelang. Ebenso tasteten sich Reiz-Antwort-Automaten unter dem ständigen Druck der Selektion wohl nur mühsam über die Schwelle. Auch dies war ein ganz bescheidener Anfang, dessen Bedeutung jedoch einzig mit dem Beginn der Replikationsfähigkeit der ersten Complexa vergleichbar ist. Er wurde zum zweiten Sprung, zum zweiten Großereignis der terrestrischen Evolution.

Wir stehen vor der nicht vorhersehbaren Möglichkeit, gewonnene Sinneseindrücke in einem Riesennetz aus verbundenen Gehirnzellen (Neuronen) für einen späteren Wiederabruf festzuhalten. Es ist die Erfindung des Gedächtnisses.

Zu Beginn sind Nervennetze und Reiz-Antworten nur Reaktionen des Augenblicks auf Gegenwärtiges. Wer ein Gedächtnis hat, besitzt Erfahrung, besitzt eine Vergangenheit und damit bald auch eine Zukunft.

Vorab ein

Seitenblick aufs **Gedächtnis**

Das so genannte sensorische Gedächtnis speichert kurzzeitig Information, zum Beispiel die Worte eines anderen, ohne bewusstes Zuhören und ohne Verstehen.

Das Kurzzeit-Gedächtnis ist begrenzt auf maximal 20 bis 30 Minuten. Es lässt uns beim Lesen ganze Sätze und größere Zusammenhänge verstehen. Seine Rolle wird besonders alten Menschen durch sein häufiges Versagen bewusst. Beispiel: Man wählt eine lange Telefonnummer und – muss immer wieder nachsehen, wie sie weitergeht. Man eilt in die Küche, um … – dort angekommen, hat man die Absicht vergessen.

Das Langzeit-Gedächtnis dagegen scheint fast unbegrenzte Kapazität und Dauer zu besitzen. Es übernimmt unter entscheidender Mitwirkung des Hippocampus (eines evolutionär sehr alten Gehirnteils) Informationen aus dem Kurzzeit-Gedächtnis in die Großhirnrinde und konserviert so

- ungewollt Erlebnisse aller Art (Melodien, Gesichter oder auch Berichte), ohne eigenen Einfluss auf deren Auswahl;
- durch gewolltes Einprägen englische Vokabeln, Gedichte und mathematische Formeln;
- automatisch (durch Einüben) die Fähigkeiten zum Schreiben, Schwimmen oder zum Auto fahren.

Sensorisches Gedächtnis und Kurzzeit-Gedächtnis halten die Information fest als Muster neuronaler Aktivierung, das Langzeit-Gedächtnis hingegen als Muster der Synapsenstärke.

Das Vergessen beruht vermutlich auf punktuellen Teilverlusten, die wie Regentropfen zufällig überall in der gespeicherten Information einfallen. Wenn sich genügend „Nässe“ angesammelt hat, wären erst Teile, dann die ganze Information verloren, vergessen.

Lange nicht aufgerufene Information wird mit jeder neuen Anforderung wieder verstärkt. Das gilt auch für Informationen, die mit der aktivierten Erinnerung irgendwie verbunden sind. So tauchen viele längst „verlernte“ Vokabeln plötzlich wieder auf, wenn man zu deren Gebrauch angeregt wird.

Das Gedächtnis ist eine sammelsüchtige Kiste: Je mehr schon drin ist, desto leichter wird Neues dazugepackt. Lernen in frühen Jahren schafft den Untergrund, der später leichter ausgebaut werden kann, auch wenn mit fortschreitendem Alter die Aufnahmefähigkeit nachlässt. So lernt der ältere Mensch besser, wenn er in der Jugend viel gelernt hat.

So wie die Materie der Kettenmoleküle als Grundlage für das Lebendige bedurfte, bildet nun lebendes Gewebe die Basis für das Gedächtnis. Das muss näher diskutiert werden:

- Was ist ein Reiz-Antwort-Automat?
- Was ist ein Neuron?
- Wie arbeitet das Gehirn?
- Was weiß man?

Gehen wir schrittweise voran.

Mir ist nicht bekannt, ob ein mehrfacher, in verschiedenen Urlebewesen unabhängiger Beginn von Reizleitung vermutet werden muss. Nach der kambrischen Explosion (570 Millionen Jahre zurück) gab es ja schon verschiedene Tierarten, denen man wohl primitive Reizleitung zuschreiben darf. Aber geht diese in verschiedenen Arten anzunehmende Fähigkeit auf einen gemeinsamen Ursprung zurück? Mit anderen Worten: Soll man annehmen, dass Nervennetze aller Tiere einen gemeinsamen Anfang haben – dass sie auf einem einzigen Zufall beruhen? Dass es eine einmalige Erfindung des Zufalls war – auch wenn wir keinen Beweis dafür oder dagegen kennen? Wir müssen es wohl offen lassen.

Der Vorteil, ein Nervennetz zu besitzen, steht jedenfalls außer Frage, nicht nur zur Steuerung und Kontrolle des eigenen Vielzeller-Organismus. Schon dem Einzeller bietet eine einfache Reaktion auf Reize lebensentscheidende Hilfe, zum Beispiel, um sich zum Licht oder in die Dunkelheit bewegen zu können, oder für das Entkommen vor rechtzeitig erkannter Gefahr auf der einen und für die Notwendigkeit, Beute zu erkennen und zu erjagen, auf der anderen Seite. Bei Einzellern waren dafür schon ganz primitive Vorläufer der späteren Gehirne am Werke.

Das so frühe Auftreten einer einfachen Reiz-Antwort lässt wohl wieder einen Systemzwang vermuten, der uns in 500

Millionen Jahren direkt bis zum Menschen tragen wird – oder jedenfalls fast bis dahin. Immer wieder ein neuer Systemzwang – wie bei den russischen Puppen Matroschka trägt jede Stufe die nächste bereits in ihrem Schoße. Die Anforderungen an Jäger und Beute bilden nämlich einen immerwährenden wechselseitigen Selektionsdruck zur Entwicklung von besseren Sinnesorganen sowie einer wirkungsvolleren Bearbeitung von deren Meldungen durch die Reiz-Antwort-Automaten. Jäger und Beute brauchen einander für Fortschritte in gleichem Maße. Dieser Systemzwang treibt beide im Wechsel der Herausforderungen zu immer weiteren Verbesserungen ihrer Fähigkeiten.

Betrachten wir eine schon weit entwickelte Reiz-Antwort-Struktur:

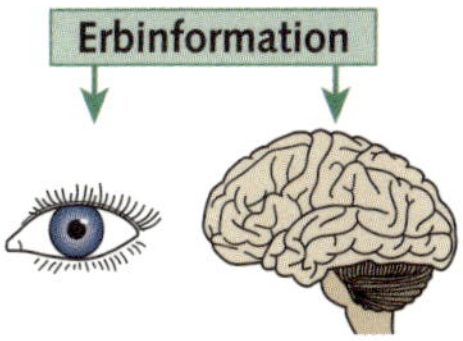

Zunächst erzeugt die Erbinformation sowohl ein Sinnesorgan (Auge) als auch einen Apparat zur Verrechnung (Gehirn)

Dann kommt aus der Außenwelt ein Reiz, der schnell die Bearbeitung im Gehirn durchläuft und dort eine vorprogrammierte Antwort auslöst:

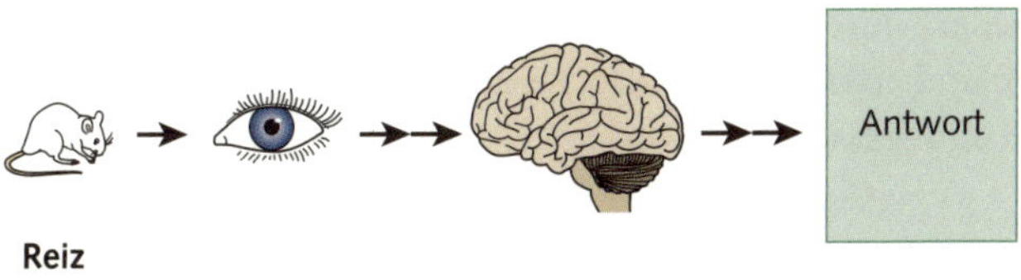

Jetzt ereignet sich der entscheidende Sprung. Der Automat speichert Erfahrungen. Durch Erlebnisse graben sich immer mehr Spuren im Gehirn als „intellektuelle Information“ ein:

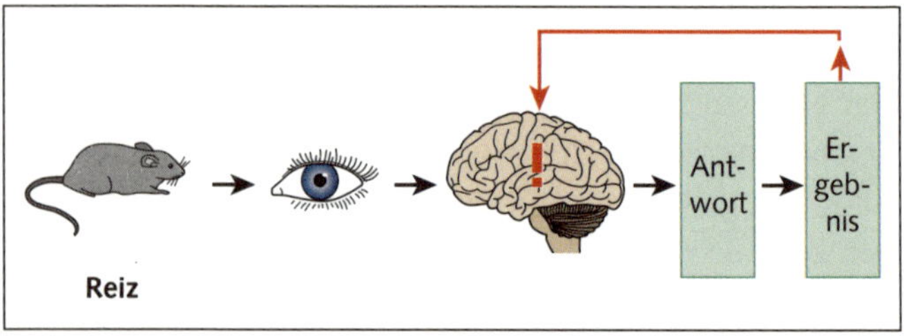

Das sind Erfahrungen, die vom Gehirn irgendwann bei späterem Bedarf gemeinsam mit aktuellen Sinneswahrnehmungen verarbeitet werden können und dabei gegebenenfalls auch zu verschiedenen Reaktionen führen.

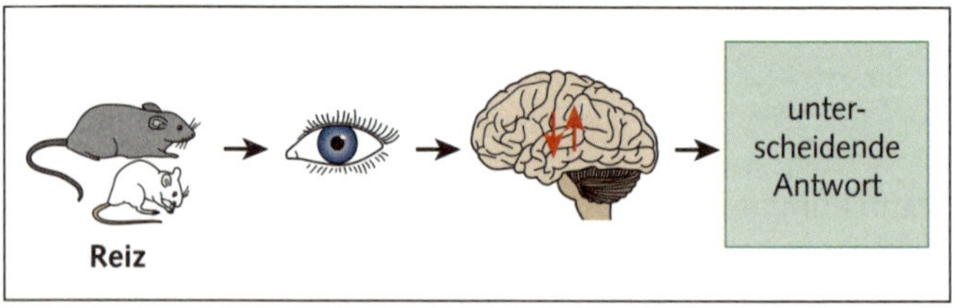

Man braucht die Erinnerung nicht zu wollen, sie kommt bei Bedarf durch den auslösenden Reiz ganz von selbst in Aktion und erlaubt die Unterscheidung zwischen wehrhafter Ratte und fressbarer Maus.

Das Gehirn ist vor allem eine riesige Ansammlung von Neuronen. Das menschliche Gehirn enthält etwa 100 Milliarden dieser Nervenzellen. Das Neuron ist wie ein Baum mit einem Stamm, dem Axon, der länger als 1 Meter werden kann und sich zu vielen Ästen verzweigt.

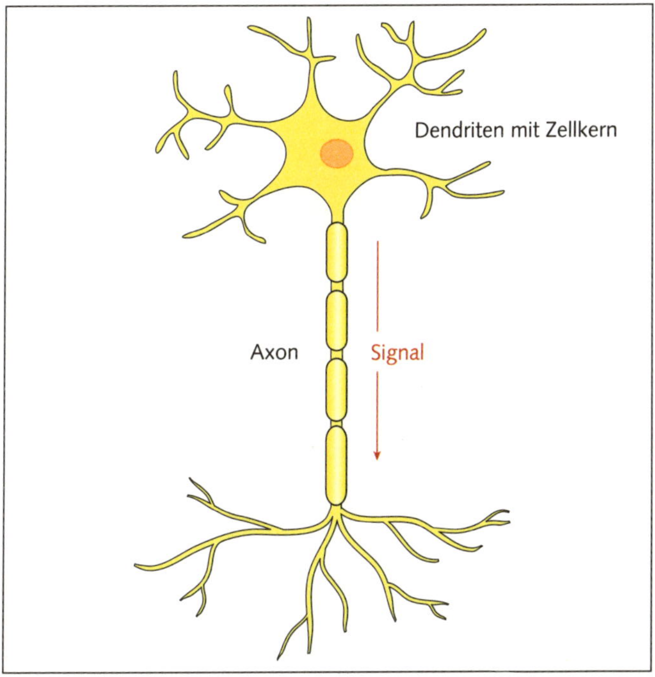

Ein anderer Zelltyp, die Gliazellen, sind neunmal häufiger, aber viel kleiner. Sie wickeln sich um das Axon und dienen zur elektrischen Isolation der im Axon laufenden Signale, aber auch zu deren Beschleunigung. Weiter sind sie an der Ernährung der Neuronen und möglicherweise auch noch an anderen Prozessen des Gehirns beteiligt. Die Zweige des Axons nehmen Kontakt zu den Dendriten anderer Neuronen auf. Das gesamte verzweigte „Kabelnetz" des menschlichen Gehirns wurde auf ca. 1 Million Kilometer Länge geschätzt, das heißt im Mittel etwa 1 cm pro Neuron.

An solchen Kontaktstellen bilden sich so genannte Synapsen (beim erwachsenen Menschen insgesamt etwa 10^{15}), die elektrische Impulse durch Ausschüttung bestimmter Moleküle (Transmitter) von einem Neuron zum nächsten leiten, das seinerseits Signale in all seine Verästelungen weitergibt.

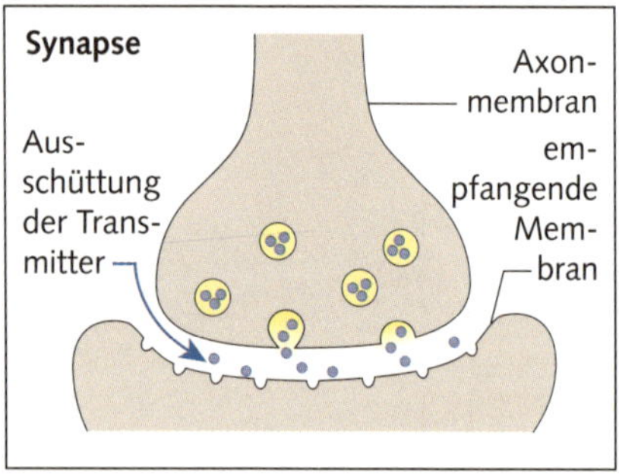

Wenn Sinneswahrnehmungen in das Netz einfließen, wird aber nicht zugleich das ganze Netz in Erregung versetzt, weil ein Teil der Neuronen Signale gibt, die die stimulierenden Impulse von anderen Synapsen **hemmen.** (Man unterscheidet dabei verschiedene Transmitter, etwa das erregende Glutamat und die hemmenden Gamma-Aminobuttersäure oder Glycin.) Jedes Neuron sammelt an seinen Dendriten die beiden Einflüsse und gibt selbst seinen ihm eigenen Impuls – anregend oder hemmend – nur weiter, wenn die stimulierenden Signale überwiegen, sonst schweigt es.

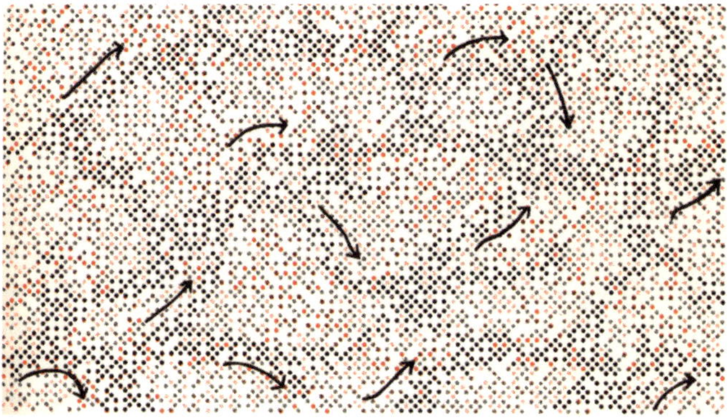

Winziger, zweidimensional vereinfachter Ausschnitt eines Gehirns mit stimulierenden und hemmenden Neuronen, aktive farblich hervorgehoben (in Anlehnung an Eccles)

(Die Abbildung erweckt den Eindruck, das ganze Gehirn sei eine gleichförmige Ansammlung solcher Nervenzellen. Tatsächlich gibt es verschiedene Teile des Gehirns mit unterschiedlicher charakteristischer Architektur von Verschaltungsmustern, unterscheidbaren Zellverbänden und diversen Teilaufgaben.)

Durch dieses Wechselspiel zwischen den Neuronen erzeugt jeder Reiz ganz spezifische Erregungsmuster (an denen wohl eher viele Tausende als Hunderte von Neuronen beteiligt sind), die ihrerseits weitere Muster anregen. Ein gleiches, wieder einlaufendes Signal setzt durch gleiches Anregen und Hemmen so auch den gleichen verschlungenen Fluss der Signale elektrischer Impulse von Neuron zu Neuron in Gang. Dabei entstehen – speziell in der Kindheit, wenn die Eindrücke noch neu sind – neue Neuronen, neue Verästelungen und neue Synapsen. Auch beim erwachsenen Menschen findet solcher Aufbau noch statt, wenn auch in geringerem Maße. Umgekehrt wird im Laufe des Lebens eines Erwachsenen auch ein Abbau beobachtet, wohl wenn Äste und Synapsen länger unbenutzt bleiben.

Irgendwie bleiben die häufiger von Signalen durchlaufenen Wege als gebahnte Vorzugsstraßen erhalten, und zwar umso besser, je öfter sie durchlaufen wurden – wie Trampelpfade auf einer Wiese oder fließendes Wasser, das sich mehr und mehr eingräbt. Es ist, als ob sich bei jedem Durchlauf weitere Synapsen und/oder Neuronen dazuschalten. Wenn eine passende Neuronengruppe solcher Spur später erneut angestoßen wird, setzt sich automatisch der frühere Strom mit all seinen Verzweigungen auf den bekannten alten Wegen aufs Neue in Gang.

Da das einzelne Neuron bis zu 10 Tausend Synapsen mit anderen bilden kann, entsteht ein unbeschreiblich verwirrendes Geflecht von Verbindungen, durch das jedes Neuron direkten Kontakt zu Tausenden von „Nachbar"-Zellen aufnehmen kann.

Normalerweise steht in einem Zellverband eine Zelle mit nur wenigen Nachbarn in direkter Berührung. Nur diesen kann sie gezielt Signale durch Moleküle übermitteln. Gibt sie solche Signale in die allgemeine Körperflüssigkeit, so müssen molekulare Adressen und beim Empfänger entsprechende spezifische Rezeptoren vorhanden sein, um gezielt bestimmte Empfänger anzusprechen. (Das ist wichtig für alle Regulationsvorgänge, etwa bei der Entwicklung eines Embryos.) Dagegen steht im Neuronennetz eine Zelle durch ihre Verästelungen eventuell mit Tausenden von „Nachbarn" in direktem Kontakt. Diese Komplexität der durch die Axonenverzweigung erreichbaren Nachbarn durchbricht die Beschränkung von drei Raumdimensionen in einem eng gepackten Zellverband und simuliert so eine direkte Nachbarschaft in einem etwa zehndimensionalen Raum. Darin liegt eines jener Geheimnisse der phantastischen Leistungen des Gehirns, die den großen Durchbruch ermöglichen: die Erfindung des Gedächtnisses.

An dieser Stelle muss angemerkt werden, dass die Verschaltung des Neuronennetzes viele Milliarden mal komplizierter ist als alles, was in genetischer Information vorgeschrieben sein könnte. Der Auftrag der Erbschrift kann nur wenige Einzelheiten der Verschaltung festlegen, er wird also meistens nur lauten: „Neuronen aus diesem Bereich suchen viele Kontakte zu Neuronen in diesem oder jenem Bereich." Oder: „Das Ganze bitte wiederholen." Oder so ähnlich. Jedenfalls müssen es (zumindest für Gehirne von Säugetieren) pauschale Anweisungen sein, die nicht zu gezielten einzelnen Verbindungen, sondern zu zwar gerichteten, aber im Detail zufälligen Kontakten führen. Es ist ein interessantes, noch wenig erforschtes Gebiet der Genetik, die Anweisungen für solche Verdrahtung zu untersuchen. Hier mag man eines Tages noch Neues entdecken.

Die Wechselbeziehungen zwischen Außenwelt, genetischer Information und Gehirn sind vielschichtig. Im einfachsten Fall entwickelt sich ein **Reflex**, das ist eine festgelegte Antwort auf einen bestimmten oder ihm ähnlichen Außenreiz. Ein neugeborenes Äffchen zum Beispiel krallt sich automatisch an Mutters Fell fest. Auch Menschenbabys haben diesen Festhalte-Reflex behalten, obwohl ihre Mütter längst kein Fell mehr haben. Solche Reflexe sind genetisch fixiert, also erblich. Sie sind entstanden durch zufällige Mutationen, die durch spezifische molekulare Signale (RNA oder Proteine) bestimmte Gehirnreaktionen festlegen, und dann wegen ihrer Nützlichkeit erhalten geblieben.

Während der Reflex einen definierten Außenreiz zur Auslösung braucht, können **Instinkte** auch aus innerem Antrieb angestoßen werden. Instinkte sind weit komplizierter als Reflexe und steuern oft recht verwickelte Handlungsabläufe, die in mehrstufigen Schritten erfolgen. Auch ihre Entstehung und genetische Verankerung müssen mehrstufig, aber auf ähnliche Weise wie bei Reflexen erklärt werden.

Offenbar setzen sich bei immer wieder gleichen Individualerfahrungen die dabei nützlichen Reiz-Antworten schließlich nicht nur im Gehirn fest, sondern müssen wohl irgendwann durch „glückliche", also zufällig passende Mutationen auch die genetische Information erobern. Diese Mutationen sollten durch Selektion angepasst sein und im Gehirn die geeigneten Reaktionen kontrollieren. Die genetische Anweisung wird in den Gehirnen der Nachkommen dann gleiche „Reaktionsprogramme" erzeugen. Durch Vererbung wird ja alles für die Arterhaltung Bewährte konserviert und weitergereicht – sei es die nützliche Differenzierung in Schneide- und Backenzähne, sei es ein Verhaltensprogramm, dessen Erblichkeit wir nur aus der Naturbeobachtung erschließen, aber noch keineswegs im Einzelnen verstehen. Die Wechselwirkungen zwischen molekularer Spezifität und neuronalen Erregungsmustern ist an vielen Beispielen noch aufzuklären.

Bei Insekten ist praktisch das gesamte Verhalten durch Instinkte gelenkt. Wie ein Spinnenweibchen ein Netz baut, wird ebenso von Instinkten gesteuert wie die Unterdrückung ihres Fresstriebs durch das artgerechte Trommeln des Männchens. Erst nach der Paarung wird der Partner – wenn möglich – verspeist.

Man halte hier einen Augenblick inne.

Da werden also in der Vierbuchstabenschrift der DNA einer Spinnenart durch Selektion zufällige Änderungen konserviert, die spezifische Moleküle hervorbringen. Und diese wirken ihrerseits derart auf das Gehirn des Weibchens ein, dass ein bestimmter in ihrem Erbgut vorhergesehener Trommelrhythmus der Beine eines Männchens ihre in ihrem Gehirn bestehenden Aktivitätsmuster des Fresstriebs bis zum Ende des Sexualaktes unterdrückt.

Zusätzlich veranlasst der so angeborene Instinkt das Männchen, zur Erreichung des Sexualaktes seine Beine in bestimmter Weise ans Netz trommeln zu lassen und nach dessen Erfüllung möglichst schnell das Weite zu suchen. (Die Komplexität der Beschreibung gibt nur ganz entfernt die Komplexität der Wechselwirkungen wieder.)

Aber auch ein Erdmännchen, das den Wachposten für die anderen übernimmt, oder ein Vogelküken, das vor der Silhouette eines Raubvogels flüchtet – auch da, bei Wirbeltieren, steuern Instinkte das meiste Verhalten.

Ein schönes Beispiel für ein komplexes Instinktverhalten bietet auch die Grabwespe. Sie beginnt zunächst, eine kleine Erdhöhle zu graben, dann sucht sie eine Raupe, schleppt sie in die Höhle, legt ihr Ei in die Raupe, die als Nahrung für die kommende Wespe dient.

Grabwespe schleppt grüne Raupe (© Volker Borovsky, dank Vermittlung von Sebastian Lübcke)

Am Ende verschließt sie die Höhle. Bei manchen Arten werden mehrere Nester angelegt und weitere Raupen als Futter nachgeliefert. Bei diesem Ablauf tritt die Umwelt in Wechselwirkung zum Gehirn, das sich ja den Ort der gegrabenen Höhle merken und dann wiederfinden muss.

Damit sind wir bei einem weiteren Zusammenspiel von genetischer Information, Umwelt und Gehirn. Offenbar werden von den Erbanlagen gewisse Freiräume im Gehirn reserviert, die als mitwirkender Teil für bestimmte Aufgaben in einem Instinkt-Programm vorgesehen sind. Die Verhaltensforscher benutzen dafür die treffende Bezeichnung **Prägung**. Besonders bekannt sind die Gänseküken von Konrad Lorenz, die nach dem Schlüpfen das erste von ihnen gesehene bewegte Wesen als Mutter akzeptieren, dem sie in Zukunft hinterherlaufen. Das mag ein Ball sein oder ein bärtiger Biologe.

Noch wichtiger als diese Fixierung auf ein Muttertier ist jedoch die oben bereits angeführte Möglichkeit einer räumlichen Orientierung und der Wiedererkennung bestimmter Orte. Diese Fähigkeit erlaubt es, einen sicheren Schlafplatz, das angelegte Nest mit den Jungtieren oder die so wichtige Wasserstelle wiederzufinden. Der Zugewinn eines derartigen Ortsgedächtnisses ist ein wunderbares Beispiel für eine „Höher-Entwicklung" im Laufe der Evolution.

Bei der Prägung werden also gewisse Erfahrungen eines Tiers in „vorprogrammierte Schubladen" des Gehirns eingelagert. Sie können zwar in verschiedenem Zusammenhang genutzt werden, stehen aber vor allem einer Aufgabe zur Verfügung, zum Beispiel: „Dies ist Mutter", was bei näherem Zusehen heißt: „Es ist für das Überleben nützlich, sich diesem bewegten Ding anzuschließen" oder „Dies ist der Ort für Wasser" oder „Dies ist mein Lebenspartner".

Instinkte bringen wegen ihres absolut festgelegten, unveränderlichen Programms in ungewohnten Situationen auch

Nachteile. Auf Darwins Galapagos-Inseln zum Beispiel sind die Tiere nicht an die Gefährlichkeit des Menschen gewöhnt. Sie flüchten nicht. Die Zeit ihrer Bekanntschaft mit dem Menschen war zu kurz, um in ihrer Erbmasse entsprechende Angst selektiert zu haben.

Der nächste Schritt der Evolution ist die Befreiung von solchen Rollenzuweisungen der erworbenen intellektuellen Information. Dann können Teile des Gehirns zur Konservierung beliebiger Erfahrungen genutzt werden, die auch in irgendeinem Zusammenhang später abgerufen und gebraucht werden können. Damit sind die Stufe **„Lernen"** und die volle Potenz des Gehirns erreicht. Alles kann jetzt aufbewahrt und für spätere Nutzung wieder aufgerufen werden: Ferienerlebnisse, Melodien, Gesichter, Sprache, chemische Formeln usw. Leider nicht, „was immer man gerne im Gedächtnis behalten will". Abgesehen von seltenen Ausnahme-Menschen (den Savants) sind wir alle sehr vergesslich. Aber das hat auch seine Vorteile.

Im Jahr 1995 hat man einen weiteren wichtigen Mechanismus des Gehirns erkannt, den der so genannten **Spiegelneuronen**. Man kann nämlich im Gehirn des Menschen einen speziellen Bereich nachweisen, der bei Beobachtung einer gezielten Bewegung einer anderen Person die gleichen Neuronenaktivitäten auslöst, die eingesetzt hätten, wenn man sich selbst entsprechend bewegt hätte oder bewegen wollte.

Interessanterweise wurde diese so menschlich scheinende Gehirneigenschaft zuerst an Affen entdeckt. Spiegelneuronen wurden bei Menschenaffen, aber auch bei Rhesus-Affen gefunden.

„Prof. Darwin" – bei der Suche nach den Spiegel-Neuronen? Aus Figaro's London Sketch Book of Celebrities, 18th February 1874. Prints and Photographs Collection.

Darüber hinaus gibt es offenbar eine allgemeine „Miterlebens-Fähigkeit" unserer Gehirne: Unsere Gehirnzellen haben nämlich die verblüffende Eigenschaft, durch Reize, die aus der Außenwelt kommen, also durch optisch oder anders Wahrgenommenes, Aktivitäten anzustoßen, die ablaufen, **als ob** der Außenvorgang nicht nur **beobachtet,** sondern vom eigenen Körper **erlebt** würde. Sie simulieren ein Eigenerlebnis. Gesehenes wird in Gefühltes übertragen. Man empfindet nicht nur Mitleid, man leidet tatsächlich mit. Mein Gesicht lässt meinen Schmerz erkennen.

Der Selektionsvorteil dieser Entwicklung liegt in der Möglichkeit, durch einfaches Zuschauen Erfahrungen zu sammeln. Auch das Verständnis für das Verhalten anderer – man kann sich „in den anderen hineinversetzen" – verbessert im Ernstfall die Eigenreaktion. Die Wirkung der Spiegelneuronen ist sicher eng verwandt mit dem Mechanismus der Sprache, der ja auch in unserem Gehirn die Vorstellung von Geschehnissen erzeugt, die uns nur durch verbale Schilderung vermittelt werden.

Das Gedächtnis bot einen gewaltigen Vorteil für seinen Besitzer, aber zunächst nur für das Individuum selbst. Die volle Bedeutung dieser neuen Entwicklung wird erst bei der Weitergabe der gewonnenen Information an andere Individuen offenbar. Während **Replikation** die entscheidende Erfindung am Beginn der biologischen Evolution war, öffnet jetzt **Kommunikation** durch Kontakte zwischen Individuen die neue Phase der Evolution, nämlich die des Transfers von intellektueller Information.

Zu solcher Übermittlung an andere entwickelten die staatenbildenden Insekten eine schablonenhafte Nachrichten-Übertragung als Krönung ihres Instinktverhaltens. So geben Ameisen durch diverse **Signalmoleküle** Nachrichten an andere Mitglieder ihres Volkes, während Bienen durch den so genannten Schwänzeltanz die Ergiebigkeit und durch Einbeziehung des Sonnenstandes und der Schwerkraft die Richtung einer Futterquelle mitteilen und andere Arbeiterinnen zum gemeinsamen Sammeln animieren.

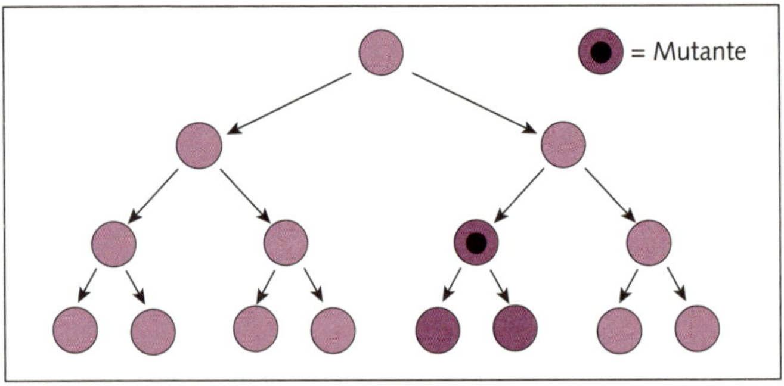

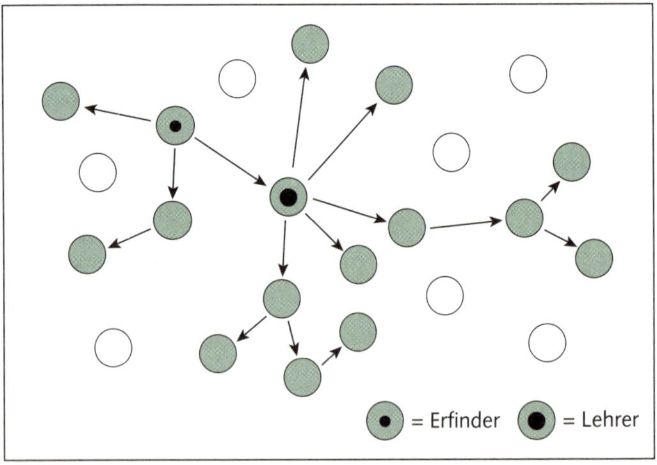

Verbreitung von Information: oben genetische, unten intellektuelle

Junge Säugetiere zeigen vorsichtig erkundende Neugier und vor allem Nachahmungstrieb zum gezielten Sammeln von Erfahrungen. Aber auch ohne Sprache sind Engramme (wohl bestimmte Erregungsmuster im Nervennetz, die die Information tragen) der erfahrenen Alten vermehrungsfähig:

Ein äußerst trockener Sommer in Afrika. Die Kinder der Elefantenherde brauchen dringend Wasser. Nur die älteste Leitkuh der Gruppe hat vor vielen Jahren als Jungtier selbst eine ähnliche Trockenheit erlebt. Damals ging sie mit ihrer Herde einen weiten Weg zu einem letzten Wasserloch. Jetzt erinnert sie sich an damals und führt ihrerseits die Herde zum Wasser. Dabei passiert etwas Wundersames. In den Köpfen der ganzen Gruppe entsteht das Engramm „Hier Wasser bei Trockenheit". Es wurde vermehrt und in andere Köpfe übertragen.

Derartige Weitergabe intellektueller Information kann sogar Artgrenzen überspringen, wie Kohl- und Blaumeisen in England zeigten, die das Wissen um die leckere Sahne unter der Aluminiumkappe von Milchflaschen unter sich teilten.

Da Evolution immer noch Besseres zum Guten findet, entwickelte sich statt der instinktkontrollierten Nachahmung eine direkte Weitergabe intellektueller Information in der abstrakten Gestalt von Sprache. Der Übergang vollzieht sich wohl wieder ganz allmählich. Warnschreie, durch Instinkte erzeugt und verstanden, differenzieren sich zum Beispiel bei Vögeln oder Lemuren in unterscheidbare Warnungen vor Luft- oder Erdgefahr. Viele Tiere reagieren auf die Warnrufe anderer Arten. So beobachtete man im Urwald Westafrikas acht zusammenlebende Arten kleinerer Affen, die insgesamt mehr als 100 Warnrufe benutzten, die von allen verstanden wurden. Vorsprachliche Kommunikation des Menschen kennt außer Lauten (Warnschreie sind schnell und wirken in alle Richtungen, verraten aber den Warner) auch lautlose Gesten, also Körpersprache, die Sichtkontakt voraussetzte und dadurch verborgener blieb.

Vielleicht schon bei Primaten, sicher aber beim Menschen, entwickeln sich in der Gruppe diverse Laute von Sprache, die ein weit größeres Spektrum von Gefahren unterscheiden lassen. Und darüber hinaus noch viel, viel mehr. Volker Sommer hat von Meerkatzen berichtet, die offenbar als Information für Artgenossen verschiedene Laute sprachähnlich hintereinanderhängen.

Sprache ist die perfekte Art von Kommunikation, die in der Vorstellung des Empfängers ganze Bilder und Ereignisabläufe entstehen lässt.

Mit Sprache beginnt die Abtrennung des Menschen vom Tierreich.

Erst Sprache ermöglicht unbegrenzte Weitergabe von Erfahrungen. Durch Isolation der Horden differenziert sich Sprache in Dialekte und wird zum individuellen Band jeder Horde. Zu unserer Gruppe gehört der, mit dem man reden kann. Der Mensch sei Mensch durch Sprache, meinte Wilhelm von Humboldt.

Bevor wir über die Funktionsweise des Neuronennetzes spekulieren, soll die folgende kleine Serie noch einmal die unvorstellbare Leistung des Gehirns demonstrieren.

Hier sitzt ein Tiger.

Ein Auge sieht das Tier, und von der Netzhaut laufen auf vielen Nervenleitungen Signale ins Gehirn. Diese Signale haben keineswegs die Gestalt eines Tigers, aber sie **bedeuten** „Tiger“.

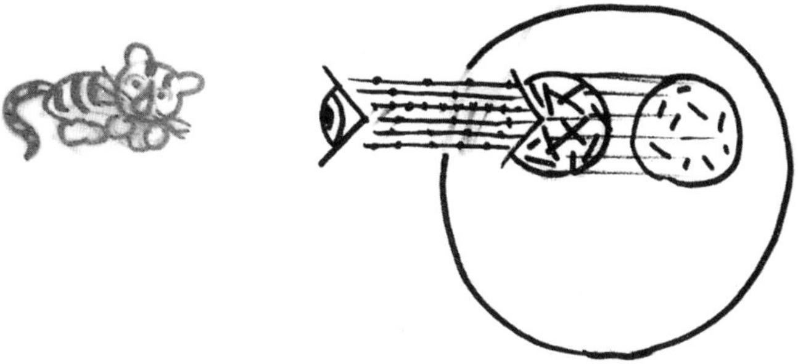

Das Gehirn vergleicht die einlaufenden Signale mit dem bereits vorhandenen Engramm „Tiger“ und den mit diesem Begriff verbundenen Eigenschaften (aufbewahrt im Speicher rechts) – auch sie **bedeuten** „Tiger“, sehen aber nochmals anders aus. Der Vergleich mit der Erinnerung löst einen Alarm aus. Das Gehirn verbindet den Begriff „Tiger“ mit dem Sprachzentrum, sucht dort nach „Tiger“ und gibt das Resultat über Nervenleitungen zu den Sprechorganen (Lunge, Kehlkopf, Zunge etc.). Die auf diversen Bändern dahinfließenden Signale **bedeuten** wieder „Tiger“, und so kommt der Schrei „Tiger“ als Schallwellen aus der Kehle.

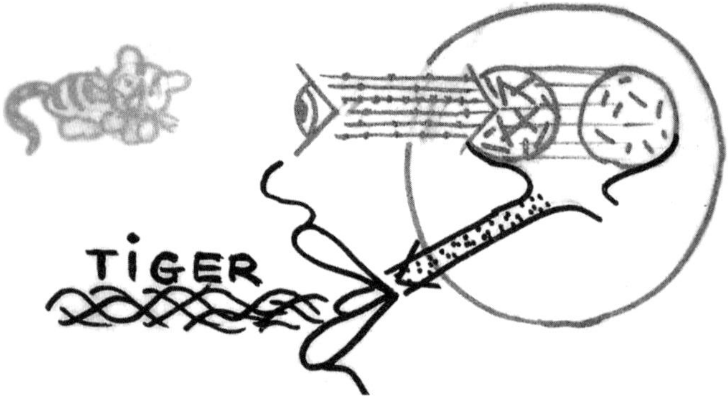

Diese gelangen ins Ohr eines anderen und lösen einen Signalfluss aus – vom Ohr in dessen Gehirn. Und wieder hat dieser Fluss eine nochmals völlig andere Gestalt, aber auch er **bedeutet** „Tiger“ und wird im Gehirn mit dem vorhandenen Engramm „Tiger“ verglichen. Die damit verbundenen Eigenschaften lösen ebenfalls höchsten Alarm aus, der den Beinen auf mehreren Nervenwegen sofortigen Befehl zur Flucht gibt.

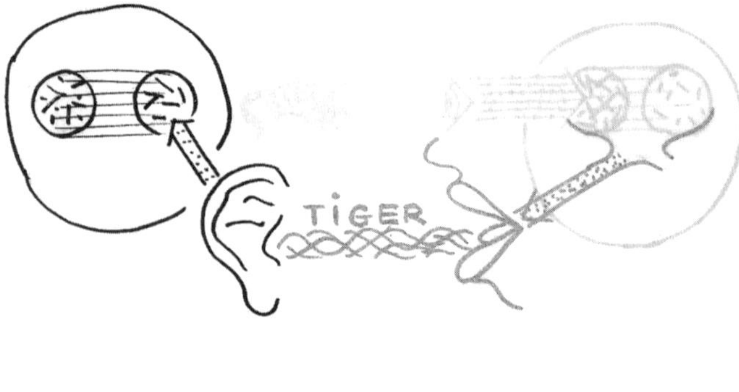

Wie soll man sich ein derartiges Funktionieren des Gehirns vorstellen? Die Neurobiologen sagen, alle einlaufenden Reize würden zunächst zerlegt in viele Teilaspekte, die ich „Facetten“ nennen möchte. Sehen wir uns ein grob vereinfachtes Beispiel an:

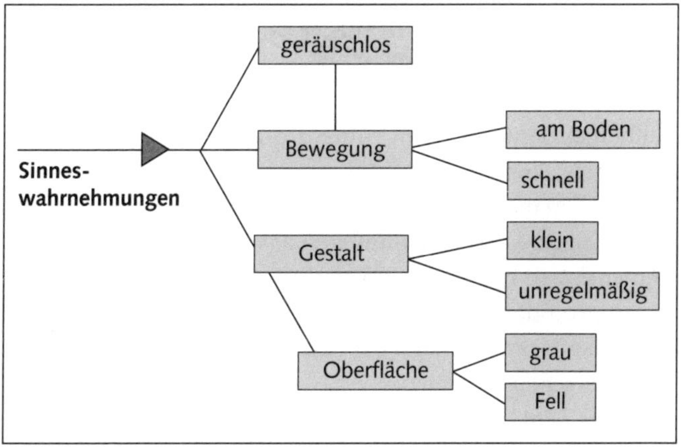

Durch die Beobachtung einer Bewegung wird in einem bestimmten Unterbereich des neuronalen Netzes ein spezifisches Aktivitätsmuster – eine bestimmte Facette – angeregt. Sie wird immer angesprochen, wenn etwas Bewegtes gesehen wird. Die Facetten „Am Boden“ und „Schnell“ präzisieren die Beobachtung „Bewegung“. Damit verbunden, aber auf anderen Kanälen einlaufend, wird auch die Facette „Geräuschlos“ aktiviert. Ebenso wird „Gestalt“ in Verbindung mit „Klein“ und „Unregelmäßig“ angestoßen sowie mit „Oberfläche“, die ihrerseits mit „Grau“ und „Glatt“ verknüpft ist. Wenn Ihnen jetzt beim Lesen der Gedanke „Maus“ in den Sinn gekommen ist, stärkt das die Vermutung, dass die Vorstellung

„Maus“, ähnlich in Facetten zerlegt, auch in Ihrem Gehirn aufbewahrt wird.

Der wohl erste Begriff, den ein Baby aufbaut, ist das Aktivitätsmuster für „Mutter“. Es besteht in enger Verbindung zu Milch und Nahrung, aus Facetten des Geruchs, der Wärme, der Weichheit, aus dem Klang einer Stimme und später auch der optischen Wahrnehmung eines Gesichts. Bei jedem Kontakt mit Mutter wird dieses Muster weiter ausgebaut, obwohl die Gesamteindrücke jedes Mal verschieden sind: Einmal hat Mutter die weiße Bluse an, das andere Mal die hellblaue, einmal läuft im Hintergrund der Fernseher, einmal spricht sie, einmal kommt sie gerade ins Zimmer, das andere Mal sitzt man auf ihrem Schoß. Stets überlagern irgendwelche ergänzende Wahrnehmungen das Bild, doch der Kern ist immer dabei. Diese stets wiederkehrende Kombination von Facetten ist das Wesentliche von „Mutter“ und wird zunehmend verstärkt, während die diversen Zusätze als unwesentlich übersehen werden.

Jedes Mal, wenn „Mutter“ in irgendeinem Zusammenhang in Erscheinung tritt, wird der gesamte, hier rot hervorgehobene Komplex der Facetten „Mutter“ aktiviert.

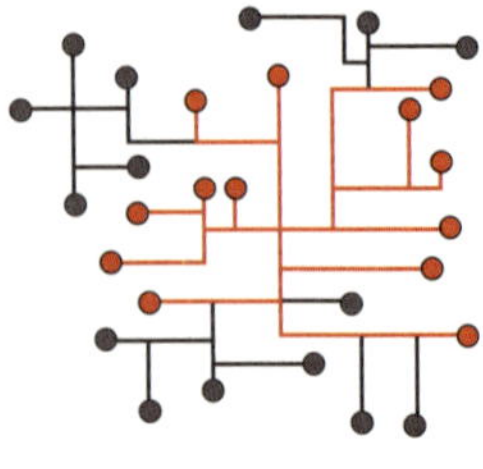

Mutter beim Wäsche bügeln

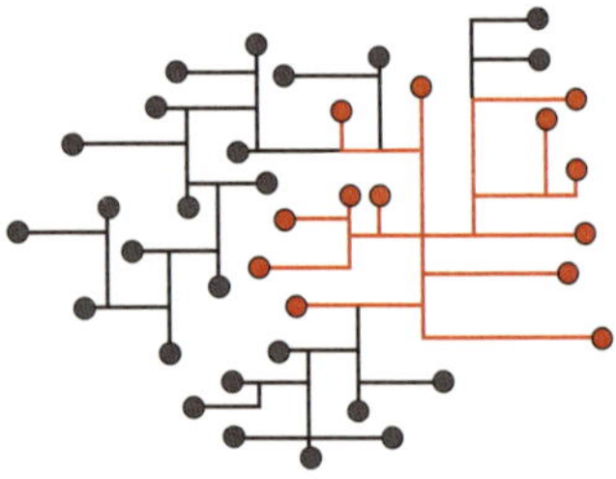

Mutter am Telefon

Ja, auch hier treffen wir auf ein Complexum. Es ist eine gebahnte, recht fest miteinander verbundene Facetten-Gruppe.

Die Zerlegung von Wahrnehmungen erfolgt nicht nur für lebende oder leblose Dinge, sondern ebenso auch für filmartig ablaufende Handlungen. Auch für sie entstehen offenbar Complexa aus Facetten, die eine bestimmte Tätigkeit repräsentieren. Auch bei diesen werden je nach Enge der Zugehörigkeit weitere Ergänzungen an die Wesenskerne stärker oder schwächer gebunden.

Zwischen den sich mehr und mehr ansammelnden Facetten bestehen sozusagen „Brücken" als Verknüpfungen. Sie sind schon früher, gemeinsam mit den Facetten, in meinen Kopf gekommen oder von meinem Gehirn nach den Zerlegungen als oft zusammenhängend erkannt und so permanent verbunden worden. Je nach der Häufigkeit ihrer bisherigen gemeinsamen Benutzung stellen auch Brücken mehr oder weniger ausgetretene Teile der Wege dar. Auch sie gehören zu den verschieden deutlichen Trampelpfaden.

Im Gehirn gibt es somit mindestens zwei Ebenen aus zwei Mengen von Elementen, die beide in äußerster Komplexität multidimensional verknüpft sind:

- die Menge der Neuronen, die durch ihre Axonen und Synapsen untereinander vernetzt sind;
- die Menge der Facetten, die in vergleichbarer Komplexität durch ihre „Brücken" verbunden sind.

Eine dritte Ebene könnte man in der Menge aller Begriffe sehen – weitere gar in der Erinnerung an ganze Ereignisabläufe usw.

Im Neuronennetz wurde die unbegrenzte, gleichzeitige Impuls-Stimulierung des ganzen Netzes durch hemmende Neuronen verhindert. Welcher Mechanismus erfüllt diese Aufgabe im Netz der Facetten und ihrer Brücken? Was verhindert eine simultane chaotische Totalstimulierung aller Facetten? Hochspekulativ kann man vermuten, dass alle Brücken außer der unterschiedlichen Ausgetretenheit ihres Trampelpfads, die einen Übergang verschieden anlockend machen, einen „Brückenwärter“ haben, der die Passage generell freigibt oder blockiert. Weiter sollte man annehmen, dass dieser Wärter stochastisch arbeitet. Das hieße: Der Brückenwärter öffnet oder schließt den Übergang zufällig, wobei die Wahrscheinlichkeit des freien Übergangs der Ausgetretenheit des Trampelpfads entsprechen sollte, also der Häufigkeit früherer Benutzung der Brücke. Je nach den zufälligen, augenblicklichen Öffnungen der Brücken springen dann also Aktivitäten von dieser zu jener Facette – von Hinz zu Kunz.

Es wäre die Historie, die bei diesem Modell die Wahrscheinlichkeit für die Öffnung bestimmt. Einem derartigen Einfluss der Vergangenheit sind wir schon früher begegnet (vgl. Kap. 5), bei der Frage, ob eine neue Mutation von der bestehenden Erbmasse akzeptiert werden kann oder nicht. (Wir haben damals schon erwähnt, dass derartige Prozesse bedingter Wahrscheinlichkeiten zuerst durch den russischen Mathematiker Andrei A. Markoff beschrieben wurden.)

Eine besonders ausgezeichnete, in beiden Richtungen oft begangene Brückenverbindung besteht jeweils zwischen dem begrifflichen Inhalt eines Facetten-Complexums und seinem sprachlichen Korrelat. Von allen Begriffen, Objekten und Handlungen müssen solche Brücken zu ihrer jeweiligen Repräsentation im Sprachzentrum führen.

„Die Ordnung und Verknüpfung der Ideen ist dieselbe wie die Ordnung und Verknüpfung der Dinge.“

(Spinoza, Ethik, Teil II, 7. Lehrsatz)

Was läuft aber nun im Nervennetz ab, wenn die Aktivität von einer Facette zur nächsten übergreift? Kann man auch das durch ein Modell veranschaulichen? Die Brücke zwischen zwei Facetten (rote und blaue Aktivitätsmuster) könnte darin bestehen, dass Teile ihrer ja riesigen Erregungsmuster identisch oder eng überlappend wären und die Aktivität so überspränge.

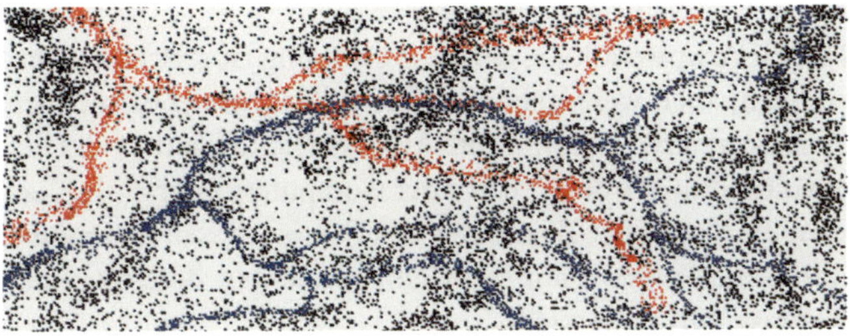

Der gemeinsame Abschnitt der beiden Aktivitätsmuster könnte bei jedem gemeinsamen Durchlauf verstärkt werden durch Beteiligung zusätzlicher Neuronen oder Bildung weiterer Verästelungen oder/und Synapsen. Der Trampelpfad würde stärker ausgetreten, die Öffnungswahrscheinlichkeit der Brücke erhöht.

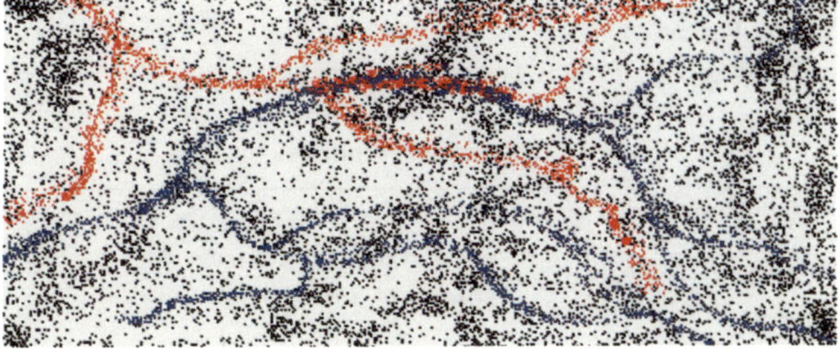

Denkbar ist aber auch, dass irgendein anderer, vielleicht mit der Gleichzeitigkeit von Impulsen in den Facetten zusammenhängender Prozess den Übersprung verursachte. Das Gehirn bietet viele Fragen, für die noch Antworten gesucht werden.

Die Elektrophysiologie der Nervenleitung ist relativ gut verstanden, auch weiß man viel über Gehirnbereiche, in denen Schwerpunkte für bestimmte Aufgaben lokalisiert sind. Hier ein altes Bild aus der Zeit vor der Computertomographie, bei dem die Größe der Zeichnung des Organs dessen Bedeutung und seine Position auf der Gehirnrinde den Bereich seiner Repräsentation darstellt.

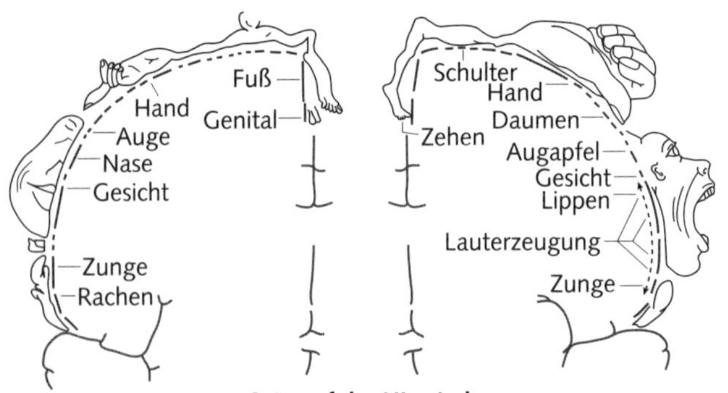

Orte auf der Hirnrinde

Wenn man die Größe der dem Tastempfinden eines Organs zugeteilten Gehirnrindenbereiche übersetzt in die Größe des Organs selbst und diese dann wiederum an einer menschlichen Figur darstellt, entsteht der im Fachjargon so genannte sensorische Homunkulus. Er beschreibt nicht die allgemeine Bedeutung eines Organs und ist auch vom motorischen Homunkulus zu unterscheiden, der die für Bewegung zuständigen Gehirnbereiche charakterisiert.

Dieser sensorische Homunkulus, gestaltet von einem Team um Hubert Dinse, Nicola Neumann sowie Barbara und Rainer Rosenzweig, ist das Maskottchen des interessanten Nürnberger Museums „Turm der Sinne", wo er und vieles mehr zu sehen ist. © **turm**der**sinne**, Nürnberg 2004: www.turmdersinne.de

Leider kann er uns mit allem Wissen über einzelne Organe keine Antwort auf die zentrale Frage geben, wie das Denken selbst eigentlich funktioniert. Dabei am nebelhaftesten sind die Beziehungen zwischen meinem „ICH", meinem Gehirn und meinem Bewusstsein. Dieses Problem führt bald zum hochemotionalen Streitpunkt der Freiheit menschlicher Entscheidung, der wir jetzt einen speziellen Anhang widmen wollen.

Willensfreiheit?

Krause Gedanken eines Laien – ein Anhang ganz ins Unreine

„Der Mensch kann tun, was er will;
er kann aber nicht wollen, was er will."

(Arthur Schopenhauer)

Wie geht das so zu in meinem Gehirn? Die Gedanken laufen ihren Weg und springen über zufällig geöffnete Brücken vom Hundertsten ins Tausendste. Dinge, die irgendwie miteinander in Verbindung stehen, haben offenbar breite, ausgetretene „Brücken" zwischen ihren Facetten. Sie sind ja früher einmal auch schon verknüpft in meinen Kopf gekommen oder von meinem Gehirn damals bearbeitet und als miteinander verbunden erkannt worden. Wenn ich an mein AUTO denke, ist auch der Begriff BENZIN nicht weit. Daran hängt gleich meine TANKSTELLE, und die liegt an der BONNER STRASSE – und die ruft wiederum meine BUCHHANDLUNG drei Häuser weiter wach.

Wie das Neuronennetz selbst ist diese Welt der Facetten in einem multidimensionalen Raum angeordnet. Das heißt, Brücken führen zu unbeschreiblich vielen verschiedenen Nachbarn und können über weite Strecken in ganz anderen Gehirnteilen enden. Und dabei springen die Gedanken außerdem oft zwischen den Gegenständen der realen Welt und den ihnen zugeordneten Begriffen der Sprache hin und her, aber vor allem auch zu den Emotionen, die mit jeder Erinnerung wachgerufen werden. Es gibt keine Gedächtnisinhalte ohne damit sehr eng verbundene Bewertungen. Bei all unseren Entscheidungen spielen Gefühle wie Angst oder Aggression, wie Hass oder Liebe, wie Hunger oder Sexualtrieb die oft ausschlaggebende Rolle. Wie kommen sie aus der Tiefe vergangener Erfahrungen ins Spiel zwischen die Sprünge unseres Denkens? Auch zu ihnen muss es breite Brücken geben (vielleicht ganz anderer Art?).

Ein aus früher Evolution stammender Teil des Gehirns, das so genannte limbische System mischt sich ein. Sein Mandelkern (Amygdala) ist wesentlich beteiligt an allen Emotionen und Bewertungen von Ereignissen, Dingen oder Personen, sein Hippocampus ist unentbehrlich zum Festhalten von Erinnerungen.

Die Wechselwirkungen zwischen den bewertenden und anderen Funktionsbereichen des Gehirns sind noch keineswegs vollständig verstanden. Das gilt auch für die gegenseitige Beeinflussung von Gehirn und Körper mit all den dabei beteiligten elektro-physiologischen und molekularen Boten. Dabei wirken Hormone (z. B. das Adrenalin) als Nachricht zwischen Gehirn und Körper, zwischen Körper und Gehirn. Sie können in beiden Richtungen Information überbringen und werden nicht nur von bestimmten Zellen des Körpers, sondern auch von speziellen Neuronen produziert. Ebenso gibt es auf beiden Seiten Rezeptor-Zellen, spezifisch für bestimmte biochemische Signale.

Ein neuer Zweig der Biochemie ist die „Proteomik" (Proteom analog zum Genom, Proteomik analog zur Genetik). Sie versucht die Gesamtheit aller Proteine eines Organismus zu erfassen und zu ordnen. Dabei hat man in den Zellen des Gehirns mehr als 10 Tausend Proteine gefunden. Viele von diesen sind gehirnspezifisch, kommen also nur in Zellen des Gehirns vor und müssen ja wohl irgendeine unwesentliche oder entscheidende Rolle in den Prozessen der Gehirnaktivitäten spielen. Wenn man deren Wechselwirkungen oder Verbindungen berücksichtigt, sind Millionen allein von Zweierbeziehungen unter diesen Proteinen möglich. Es ist eine Aufgabe für junge Neurogenetiker, herauszufinden, welche Aufgabe Proteine und Proteinverbände im Wechselspiel mit der Elektrophysiologie des Gehirns haben. Auch die RNA sollte dabei nicht vergessen werden. Es gibt noch Arbeit.

Die große Frage dabei bleibt: Wird man mit all diesem Detailwissen dann „das Gehirn verstehen“? Oder werden es, ähnlich wie bei der „entschlüsselten“ DNA-Sequenz des Menschen, doch wieder nur einzelne Stückchen sein?

Das Gehirn ist ein sehr merkwürdiges Ding. Das Mysteriöseste dabei bin ich selbst. Welche Entscheidungen treffe „ICH“? Und welche mein Gehirn? Teil des Problems ist die Unterscheidung von unbewusstem und bewusstem Denken. Die Experten der Neurobiologie können experimentell zeigen, dass jede Entscheidung, die man meint bewusst zu treffen, schon Sekundenbruchteile vorher vom unbewussten Gehirn getroffen wurde. In ihren Augen ist das ein klarer Beweis gegen die Freiheit des Willens – die Entscheidung war ja bereits vorweggenommen. Dieser Befund geht zurück auf ein Experiment, das Benjamin Libet 1979 durchführte, um die Freiheit des Willens zu beweisen. Dabei ergab sich entgegen seiner Erwartung für die zeitliche Abfolge einer Entscheidung und der daraus folgenden Handlung, dass das Gehirn die Ausführung der Handlung schon beschlossen hatte, bevor das „ICH“ den Beschluss bewusst fasste. Nicht „ICH“ habe also entschieden. Mein Gehirn war schneller.

Man kann diesen Befund auch ohne Computertomographen selbst erleben: Wenn beim Einschlafen die Nase juckt und man überlegt, ob man an die Nase fassen sollte oder ob man dadurch wieder zu wach würde – während man noch unentschlossen ist, merkt man, dass die Hand bereits zur Nase gegriffen hat. Das Gehirn hat ohne mein Wollen gehandelt.

Seitenblick: **Max Planck zur Willensfreiheit**

Zur Beobachtung der eigenen Willenshandlung spaltete Planck das „Ich" in ein „wollendes Ich" und ein dessen Motive und Triebe analysierendes „erkennendes Ich". Beide Ichs treten in einen Dialog, der beim wollenden Ich neue unbewusste Willensmotive auslöst, die zu einer erneuten Analyse durch das erkennende Ich führen. So entsteht eine Iteration des Gesprächs, in dessen Fluss die Einsicht in die eigene Willensmotivation unerreichbar bleibt. Die Vorstellung der Freiheit des eigenen Willens beruht daher „*auf dem Umstand, dass der Wille eines Menschen seinem Verstande vorgeht, oder, wie man auch sagen kann, dass sein Charakter mehr wiegt als sein Intellekt ... Bei der Selbstbeobachtung handelt es sich ja nicht darum, dass wir frei* sind, *sondern darum, dass wir uns frei* fühlen."
Vortrag „Vom Wesen der Willensfreiheit", 27.11.1936

Jeder kennt auch folgendes Phänomen: Man sucht den Namen einer Blume, man grübelt lange, aber hoffnungslos. „Ich habe es doch immer gewusst!" Aber die Brücke zum Namen dieser Blume ist gerade nicht geöffnet. Schließlich gibt man die bewusste Suche auf. „ICH" habe aufgegeben, nicht aber mein Gehirn. Und urplötzlich – ich denke längst nicht mehr an die Blume –, schlagartig findet mein unbewusstes Gehirn:

Akelei – ja, die Blume heißt Akelei!

Mein Unbewusstes hat weitergearbeitet, erfolgreich weitergesucht, mit **„meinem"** alten Auftrag, aber ohne **„mich"**, und hat dann urplötzlich das Ergebnis in mein Bewusstsein gedrückt.

Ist es nicht auch beim Autofahren so, dass ich überhaupt nicht zu denken brauche, aber mein Gehirn automatisch selbst alle wahrgenommenen Informationen verarbeitet und mich oder besser meinen – noch besser: unseren – Körper dann automatisch (d. h. über oft benutzte Brücken laufend) das Richtige tun lässt? Und gar beim Träumen: Plötzlich tauchen seit vielen Jahren tote Menschen wieder in meinem Schlaf auf. Mein Unbewusstes ist ihnen begegnet.

Ich habe aber doch nicht zwei Gehirne im Kopf, das eine für bewusstes, das andere für unbewusstes Denken. Beide Vorgänge benutzen doch wohl die gleichen Netze der Neuronen und Facetten, benutzen die gleichen mehr oder weniger eingefahrenen Wege im Gewirr der Aktivitätsmuster. Das Gehirn kann auch „ohne mich" denken, das heißt Wahrnehmungen analysieren, mit früheren Erfahrungen abgleichen und daraus schließlich Konsequenzen ziehen. Auch Tiere konnten schon in diesem Sinne „denken", bevor die Evolution manchen von ihnen ein Ich-Bewusstsein gab.

Es kommt mir vor, als ob in all dem Flimmern der Nervenimpulse einige Straßen „beleuchtet" sind, nämlich die im Augenblick **bewussten**, während die riesige Mehrzahl der unbewussten Aktivitäten des Gehirns im Dunkeln ablaufen. Mein Bewusstsein hat nur eine bescheidene Taschenlampe, keinen Scheinwerfer. Nur kleine Ausschnitte des Gehirns sind mir jeweils „bewusst". Wenn ich schlafe, ist die gesamte Straßenbeleuchtung ausgeschaltet.

Aber was unterscheidet dieses „Hell und Dunkel" in meinem Gehirn elektro-physiologisch, molekular? Besteht vielleicht die „Beleuchtung" darin, dass in bestimmten Facetten des Gehirns die flimmernde Erregung (als Folge einer Resonanz?) in eine stabile, statische Form der Erregung umschlägt? Flackerndes Licht brennt dann sozusagen gleichmäßig?

Wenn ich aus einem Traum erwache, steht mir das gerade „Erlebte" noch deutlich vor Augen, doch sehr bald verschwimmt es im Vergessen. Es muss wohl beim Träumen noch eine Art „Notbeleuchtung" brennen, die beim Erwachen schnell verlischt.

An dieser Stelle taucht eine wichtige Frage der Evolution auf: Könnte es nicht sein, dass im Laufe der Entwicklung die Menge der gleichzeitig bewussten Prozesse zunimmt, dass also unsere „Taschenlampe" stärker würde? Dann hätte unser Gehirn vielleicht noch eine gewaltige Entwicklung vor sich.

Gibt es Menschen, die viel mehr als andere gleichzeitig bewusst erleben können? Das Gehirn des heutigen Menschen kann kaum zwei Probleme gleichzeitig bewusst bearbeiten, zum Beispiel bei Musik Rechenaufgaben lösen oder beim Autofahren telefonieren (deswegen verboten!). Könnte in der intellektuellen Phase der Evolution der gleichzeitig bewusste Teil unseres Gehirns anwachsen? Würden wir dadurch schneller, vielleicht fehlerärmer denken? Macht die Evolution doch noch einmal rein biologische Fortschritte? Wohl kaum, denn wie sollte solcher Fortschritt durch Selektion begünstigt werden?

Was ich absolut nicht verstehe, ist der Trick, mit dem „ICH" das Denken meines Gehirns steuern kann. Was passiert, wenn ich mein Denken auf einen bestimmten Punkt konzentriere? Was passiert elektro-physiologisch oder biochemisch in meinem Kopf, wenn ich etwas gezielt überlegen will, etwa eine von außen oder von mir selbst gestellte Aufgabe lösen möchte. Wie lenke ich mein bewusstes Denken? Oder ist das ein Trugschluss – kann ich das gar nicht steuern? Kann ich es nur anstoßen? Läuft es – einmal angestoßen – dann doch gleich wieder selbst in Eigenregie von Aktivitätsmuster zu Aktivitätsmuster, von einem Facetten-Komplex zum nächsten? Aber welches ist das nächste unter all den Möglichkeiten?

An diesem Punkt kommen wir auf den stochastisch arbeitenden „Brückenwärter" zurück, der die Brücken zwischen den Facetten zufällig öffnet. Die Wahrscheinlichkeit für einen offenen Übergang sollte ja dabei den Häufigkeiten früherer Benutzung der Brücke entsprechen.

Die Brücken und

ein rauchender Brückenwärter
(nach Grandville, unverändert!)

Damit stoßen wir wieder auf die Frage des freien Willens.

Wenn man vor einer Entscheidung steht, zum Beispiel dieses oder jenes Auto zu kaufen, die gefundene Brieftasche bei der Polizei abzugeben oder zu behalten, einen Heiratsantrag anzunehmen oder abzulehnen, hat man das Gefühl einer freien Entscheidung, eines freien Willens. Natürlich werden frühere Erfahrungen, gesellschaftliche Moralvorstellungen,

Betrachtungen zur Zweckmäßigkeit und vieles, vieles mehr dabei Einfluss nehmen, aber das ändert nichts an der Freiheit – oder doch? Nein, das Ergebnis kann durch nichts vorher festgelegt sein – nicht prädestiniert sein durch ein „Schicksal“, einen Systemzwang oder eine Entscheidung von Göttern.

Das Ergebnis ist doch völlig offen. Es ist die freie Entscheidung MEINES Willens. Oder vielleicht doch nicht?

Wir stehen vor den Fragen:
- Was bedeutet „Freiheit“?
- Was bedeutet „meines“?
- Was bedeutet „Willen“?

Wenn meine Entscheidung **prädeterminiert** wäre, also das Ergebnis im Voraus festläge, wären dafür wohl meine Erbanlagen, meine Erziehung und Lebenserfahrungen verantwortlich. Auch die gesamte Umweltsituation mit ihren zufälligen Ereignissen wäre einbezogen. All dies würde – mit oder ohne bewusste Beteiligung eigener Überlegungen – im Rahmen des allgemeinen Kausalitätsgesetzes allen Naturgeschehens berücksichtigt, verrechnet und automatisch dann das Resultat herbeiführen. Für einen freien Willen oder die Verantwortlichkeit der Person bliebe dabei kein Platz. Im Raum der islamischen Religion würde man das Kismet nennen – Schicksal.

Meine Entscheidung wäre hingegen **nicht determiniert**, also „ergebnisoffen“, wenn „ICH“ im Prozess der Abwägung meines Gehirns – unbewusst oder bewusst – Einfluss nehmen könnte. Dann fiele mir auch die Verantwortung für diese meine freie Entscheidung zu, unabhängig davon, ob ich in diesem speziellen Fall die Möglichkeit der Einflussnahme genutzt hätte oder nicht.

Oder gibt es eine dritte Möglichkeit? Ist die Entscheidung möglicherweise wirklich offen – unbestimmt, frei –, wird aber nicht von mir, nicht von meinem Willen getroffen? Selbst wenn das zufällige Geschehen in meiner Umwelt in die dem Kausalprinzip gehorchende Abwägung zur Entscheidung einbezogen gewesen wäre, blieben doch die stochastischen Aktionen meiner Brückenwärter. Durch sie wäre das Ergebnis nicht vorhersagbar, denn das Offenstehen der Brücken wäre bedingt zufällig und hinge von allen früheren Aktivitäten **meines** Gehirns und damit von all **meiner** Vergangenheit ab.

Auch das ist vorstellbar. Einen Ersatz deterministischer Vorstellungen durch Wahrscheinlichkeiten hat auch Reichenbach 1959 diskutiert.

> *„Der Mensch hat in der Entscheidung zwischen Gut und Böse keinen freien Willen, sondern wird vom Teufel geritten."*
>
> Luther

Sind die Brückenwärter seine „Teufel"?

Wenn Gedanken von Facette zu Facette über zufällig geöffnete Brücken mit verschiedenen Öffnungswahrscheinlichkeiten laufen, unterliegt jede Entscheidung zwar der Einwirkung des ganzen Systemzwangs durch das vorgegebene Netz der Brückenwahrscheinlichkeiten, wäre aber unter dieser Annahme letztlich **indeterminiert**. Denn wenn nur ein Glied in einer sonst determinierten Ereigniskette zufällig ist, ist auch das Ergebnis der ganzen Kette zufällig. Zufälle würden den Lauf des Denkens entscheiden – nicht „ICH"!

Man könnte dann kaum von einem freien Willen sprechen. Allein entscheidend sind die Mechanismen des Gehirns, die darüber entscheiden, welchen Weg die Aktivitäten von Facette zu Facette nehmen. Es sind letztlich – wenn das Bild der stochastischen Brückenwärter der Realität nahe käme – Zufallsprozesse, die eine Entscheidung herbeiführen. „Brückenwärter" haben entschieden. „ICH" habe sie jedenfalls nicht kontrollieren können. Dennoch ist meine ganze Vergangenheit daran entscheidend beteiligt, weil sie bestimmt, welche Aktivitätsmuster in meinem Gehirn bestehen, welche Brücken sich zu welchen anderen gebildet haben – und vor allem, welche Brückenwahrscheinlichkeiten (Trampelpfade) in meinem bisherigen Leben gewachsen sind.

Der Psychiater Ziehen (Arzt von Friedrich Nietzsche) sagte: *„Wir können nicht denken, wie wir wollen, sondern wir müssen denken, wie die gerade vorhandenen Assoziationen bestimmen."*

Trotz dieser wichtigen Beteiligung unserer Vergangenheit gilt unanfechtbar: Wenn nur ein Glied in einer sonst determinierten Ereigniskette zufällig ist, ist das Ergebnis der ganzen Kette zufällig.

Zufall also damals bei der Entstehung des Lebens; Zufall dann bei dem langen Aufstieg zum Menschen; und jetzt auch Zufall statt Freiheit des Willens? Wird religiöses Denken ein drittes Mal nach Kopernikus und Darwin nun durch Freud bzw. durch Erkenntnisse der Neurobiologie erschüttert?

Kopernikus hatte das biblische Bild einer Erde als Zentrum des Universums widerlegt, Darwin hatte Evolution durch Selektion an die Stelle des 6-Tage-Werks eines Schöpfers gesetzt, und jetzt ist die Wissenschaft 100 Jahre nach Freud dabei, dem Menschen die von Gott geschenkte Freiheit des Handelns abzusprechen. Die „dritte Kränkung der Menschheit", wie Freud sie selbst nannte, wird durch die Neurobiologie immer deutlicher.

Die Bedrängnis der Kirchen steigert sich. Das geht viel tiefer als die Frage nach der Anerkennung eines Vatikanischen Konzils. Beruht nicht ein wesentlicher Teil der religiösen Bindung des Menschen auf der Annahme der Selbstverantwortlichkeit seines Tuns? Wie kann die Kirche ohne Schuld und Sünde des Menschen und deren Vergebung durch die Gnade eines allgütigen Gottvaters ihre Rolle bewahren?

Wird die Kirche nicht wieder aus ihrer offenbarten Allwissenheit heraus naturwissenschaftliche Ergebnisse einfach für falsch erklären müssen? Sie wird das eine lange Zeit mit Erfolg tun, denn – was auch immer die Wahrheit ist –: Der Mensch ist leicht von der eigenen Willensfreiheit zu überzeugen, während der Zufall doch ein recht wenig vertrauenswürdiger Geselle ist.

Zugeständnisse sind kaum zu erwarten, sie waren schon immer riskant.

Die Auseinandersetzung hat schon begonnen, und es ist zu fürchten, dass sie noch heftiger und anhaltender wird als der Kampf um Zufall oder Schöpfung.

„Ihr dürft Freud nicht recht geben – die Probleme haben schon angefangen als die Kirche zugab, die Erde sei eine Kugel."

Welche Konsequenzen würden aus einem zufallsbeeinflussten Willen des Menschen für unsere Rechtsprechung und unser Erziehungswesen folgen? Kann man den Kern unserer gesellschaftlichen Kultur aufrechterhalten, mit dem Zufall als Mitverantwortlichen für menschliches Handeln? Müsste unser Erziehungssystem geändert werden? Hat es Sinn, Moral zu predigen, Ethik zu lehren, wenn der Mensch doch nicht selbst entscheidet?

Antwort: Natürlich hat das Sinn, mehr noch: Es ist absolut nötig, denn die kulturellen Richtlinien gehen ja auch in die Gehirne und beeinflussen so wesentlich die Brückenwärter und damit die Wahrscheinlichkeiten menschlichen Handelns in positiver Richtung.

Die Verhaltensvorschriften aller Völker sind sehr ähnlich. Ethik ist ja nicht vom Himmel gefallen, sondern ein Produkt der in Evolution gewachsenen Vernunft. Alle religiösen Lehren stellen daher die fast gleiche Grundforderung. Hier die von Hans Küng zusammengestellten Formulierungen der Goldenen Regel:

- Konfuzius (ca. 551–489 v. Chr.): „Was du selbst nicht wünschst, das tue auch nicht anderen Menschen an." (Gespräche 15,23)
- Rabbi Hillel (60 v.–10 n. Chr.): „Tue nicht anderen, was du nicht willst, dass sie dir tun." (Sabbat 31a)
- Jesus von Nazareth: „Alles, was ihr wollt, dass euch die Menschen tun, das tut auch ihr ihnen ebenso." (Mt 7,12; Lk 6,31)
- Islam: „Keiner von euch ist ein Gläubiger, solange er nicht seinem Bruder wünscht, was er sich selber wünscht." (40 Hadithe von An-Nawawi 13)
- Jainismus: „Gleichgültig gegenüber weltlichen Dingen sollte der Mensch wandeln und alle Geschöpfe in der Welt behandeln, wie er selbst behandelt sein möchte." (Sutrakritanga I.11.33)
- Buddhismus: „Ein Zustand, der nicht angenehm oder erfreulich für mich ist, soll es auch nicht für ihn sein; und ein Zustand, der nicht angenehm oder erfreulich für mich ist, wie kann ich ihn einem anderen zumuten?" (Samyutta Nikaya V,353.35–354.2)
- Hinduismus: „Man sollte sich gegenüber anderen nicht in einer Weise benehmen, die für einen selbst unangenehm ist: das ist das Wesen der Moral." (Mahabharata XIII.114.8)

Der Weltethos ist universell – gewachsen im Systemzwang der Gruppenselektion. Er gipfelt im Kategorischen Imperativ des Immanuel Kant (Naturgesetzformulierung):

„Handle so, als ob die Maxime deiner Handlung durch deinen Willen zum allgemeinen Naturgesetze werden sollte."

(Kant, Grundlegung zur Metaphysik der Sitten, 1785, BA 52)

Und die Rechtsprechung? Wenn „ICH" doch nicht verantwortlich bin, wieso darf man mich bestrafen? Was antworten wir einem Angeklagten, der sagt: „Sie können mich doch nicht für die Taten meiner Brückenwärter haftbar machen." Antwort: Auch hier dient Abschreckung als notwendiger Erziehungsfaktor, der das Handeln der Brückenwärter in den Köpfen anderer Menschen verändert und so zu positiver Beeinflussung ihrer Entscheidungen führt.

Bestrafungen sollten nicht mit „Schuld" gerechtfertigt werden, sondern mit der Notwendigkeit, ein funktionierendes Sozialsystem aufrechtzuerhalten.

Wir müssen die Brückenwärter entsprechend ausbilden.

Ende des krausen Anhangs

8 Aber die Sprünge ...?

Gruppe, Episexualität und Makro-Evolution

„Verbunden werden auch die Schwachen mächtig, der Starke ist am mächtigsten allein!“

(Friedrich Schiller)

Ach Lieber, das wäre ein so schönes Motto gewesen, warum bloß diese heroische zweite Zeile?

„Selektion“ ist der zentrale Begriff in Darwins Erklärung der Evolution. Selektion ist eine sofort einleuchtende Folge der Jäger-Beute-Beziehung. Je besser zum Beispiel die Schutzfärbung eines Schneehuhns ist, desto größer sind seine Aussichten, dem Greifvogel zu entgehen. Ideal ist dabei ein Federkleid, dessen Färbung sogar den Jahreszeiten entsprechend verändert wird, also im Winter der Schneesituation und im Sommer der Farbe des Bodens gerecht wird. Schlecht „angepasst“ wird man leicht gefressen. Glücklich die Mutanten mit saisonalem Federwechsel.

Spencers Satz vom „survival of the fittest“ – dem Überleben des am besten in seine Welt Passenden – trifft diesen Sachverhalt genau. Mit einem Überleben des Stärkeren hat das nur selten zu tun. Stärke spielt allerdings eine Rolle bei der sexuellen Selektion, also beim Kraft-oder-Schönheits-Wettbewerb der Männchen um weibliche Gunst.

Auch an einem Vogelfutterhäuschen kann man sehen, wie der Boss die Rivalen vertreibt und das Feld erst räumt, wenn er sich satt gefressen hat. Die Devise heißt: Selbst fressen macht fett – verjage die schwächlichen Artgenossen. Krasser Egoismus ist die Methode der Wahl. Das ist die Maxime biologischer Selbstbehauptung. Das sichert Existenz.

Ihnen gefällt das nicht? Aber so ist die Natur halt eingerichtet. Das ist wohl „Sozialdarwinismus“. Und nicht allein im Bankenwesen setzt sich Brutalität durch: „Unterm Strich zähl ich.“ Man darf weder schwach noch gutgläubig sein. Wen wundert es da, dass schon mein lästermäuliger Freund Rudolf in Ansicht des Weltzustandes den Verdacht geäußert hat, Gott könne bei der Schöpfung einen Sadisten als Ratgeber gehabt haben.

Um die Welt positiver zu betrachten, sollten wir uns daran erinnern, dass die weitere Evolution auch Altruismus entstehen ließ. An deren Anfang stand sicherlich die elterliche – vorrangig mütterliche – Fürsorge, die Nahrung und Schutz bot. Betrachten wir deren genetische Seite.

Besonders gefährdet sind immer die Jungtiere, die ihrer geringen Größe und ihrer Unerfahrenheit wegen leicht Beute eines Räubers werden. Ihre Überlebensaussicht steigt gewaltig, wenn ihre Eltern durch zufällige Mutationen den Instinkt gewonnen haben, ihre Nachkommenschaft zu beschützen. Anfänge solchen Verhaltens werden sich zwangsläufig durchsetzen, da die fürsorglichen Eltern in ihrer Nachkommenschaft ja auch den eigenen genetischen Anlagen Schutz geben, die in späteren Generationen wieder die gleiche elterliche Fürsorge hervorbringen. Systemzwang zum Altruismus!

Weil der mütterliche Schutz einen so entscheidenden Selektionsvorteil bietet, hat sich dieses Verhalten in vielen Arten – weit über das Tierreich – entwickelt. Zum Beispiel bei Buntbarschen in den afrikanischen Seen, die ihre Jungen bei Gefahr im eigenen Maul versammeln, oder bei Pinguin-Eltern, die erst ihr Ei, dann das geschlüpfte Junge auf ihren Füßen vor der Kälte bewahren. Auch manche Tintenfische bleiben bei ihrem Eiersack. Dass Affen ihre Nachkommen mit sich herumtragen, scheint nahe liegend, doch man findet es ebenso bei Kröten, bei Spinnen oder Skorpionen, die ihre Brut stets auf dem Rücken reiten lassen, und bei der Opossum-Mutter (übrigens das einzige Beuteltier außerhalb Australiens), wobei sich der Nachwuchs oft mit den Schwänzen an Mutters Schwanz festhält:

Unbekannter Naturalist, wohl 18. Jh.

Wenn als nächster Schritt der Entwicklung dann die erwachsenen Nachkommen auch noch bei ihren Eltern bleiben und von diesen nicht verjagt werden, bildet sich ein Familienverband aus Tieren, die weitgehend gleiche Gene tragen. Damit ist eine Ausgangssituation entstanden, die es das erste Mal in der Evolution erlaubt, den bisherigen Zwang des ständigen Egoismus des Individuums zu durchbrechen.

Diese **Gruppe** formt eine neue Welt. Wenn nämlich jetzt ein Mitglied der Gruppe sein Leben in Verteidigung der anderen aufs Spiel setzt, so kommt (ähnlich wie bei der mütterlichen Fürsorge) solche Tat den Verwandten und damit insgesamt letztlich ja auch den eigenen Genen zugute, wenn auch unter Risiko für die eigene Person. Erbanlagen, die solches Verhalten bewirken, haben durch derartigen Schutz gute Überlebens-Chancen.

An dieser Stelle rechnen manche Soziobiologen, dass man sein Leben für zwei Brüder oder für acht Vettern einsetzen könnte, weil dann gerade ebenso vielen eigenen Genkopien geholfen würde, wie man selbst dabei aufs Spiel setzt. Die Rechnung stimmt sicher – aber welches Tier kann schon Gene zählen? Viel plausibler scheint mir die Annahme, dass sich in den meisten Fällen Tiere, die in kleinen Gruppen leben, einfach individuell kennen, also wissen, wer zur Gruppe gehört, und dann diesen Gruppengenossen helfen, auch wenn diese vielleicht nur „Angeheiratete" sind. (Nur die Aufnahme von gruppenfremden Sexualpartnern vermeidet ständige Inzucht und ermöglicht weitere Evolution.)

Doch es ist so schön verkaufsfördernd, in Büchern zu provozieren, wenn man dort schreibt, alles Leben beruhe nur auf Eigennutz und der Rücksichtslose allein habe den Nutzen. Mit dieser Erkenntnis aus der Soziobiologie kann der Leser dann bequem den eigenen Egoismus rechtfertigen. Aber gerade dem entgegenzuwirken hat der Mensch ja die „Meme"[1] von Recht und Gesetz erfunden.

Es ist interessant, dass bei einigen Tierarten die Männchen der stabile, ortsansässige Teil sind und die Weibchen die Zuwanderer (z. B. bei Schimpansen), während bei anderen umgekehrt die weiblichen Tiere mit ihren Töchtern im Territorium verbleiben und die jungen Männer aus der Gruppe vertrieben werden, etwa bei Gorillas oder Elefanten. Bei

[1] Der Begriff „Mem" ist etwa gleichbedeutend mit dem einer „Idee". Er wird in Analogie zum Begriff „Gen" benutzt. Wie das Gen ein Baustein der genetischen Information ist, ist ein Mem ein Baustein der intellektuellen Information.

den Languren wird interessanterweise von den ortsansässig bleibenden Weibchen dann auch die Territorialverteidigung übernommen.

Neben die Selektion einzelner Individuen tritt so eine Selektion zwischen ganzen Gruppen. Die erwachsenen Tiere – seien die Verteidiger des Territoriums nun Weibchen oder Männchen – schützen dabei die Nachkommenschaft der Gruppe insgesamt. Für gegenseitigen Schutz und Hilfe gibt es dann eine Prämie – Altruismus wird durch das Überleben der Gruppe belohnt. Auch Wölfe oder Hyänen riskieren ihr Leben für Rudel-Genossen. Verliert ein Gruppenmitglied sein Leben, so entspricht das einer Verletzung des Überorganismus „Gruppe". Diese wird sich erholen, wenn die Verluste nicht zu hoch sind. Trotz und manches Mal vielleicht gerade wegen des Opfertodes bleiben Erbanlagen und Erfahrungen der Gruppe, ihre genetische und intellektuelle Information, erhalten.

Die Problemseite dieser Entwicklung liegt darin, dass alle derartigen ethischen Vorschriften der Erbanlagen nur für das Innenleben der Gruppe gelten. Gruppenmitgliedern wird geholfen, nach außen muss zum Erhalt der Gruppe weiter Gruppen-Egoismus praktiziert werden. Die sich ständig weiter vollziehende Integration der Menschheit von Horden zu Stämmen, zu Völkern und globalisiertem Wirtschaftsverbund bringt uns in Verlegenheit, wer nun eigentlich Mitglied unserer Gruppe ist? Nur die unseres Fußballvereins? Nur Deutsche? Nur die mit weißer Haut? Oder doch alle? Die ganze Menschheit? Wären Neandertaler auch dabei? Möglicherweise gar Menschenaffen?

Vielleicht lernen wir, dass unsere Erde nur **ein** Evolutionslabor ist, dass unsere Horde in Zukunft nur die ganze Menschheit sein kann. Denn auch hier unterliegt die Evolution unseres Planeten wieder einem Systemzwang: der Notwendigkeit zu einer wirklich humanen Gesamtmenschheit zusammenzuwachsen oder unterzugehen. Wenn wir diese Einsicht nicht erreichen, könnte es unser letzter Systemzwang gewesen sein.

Wir beobachten im Tierreich häufig, dass Artgenossen gerne beieinander sind. Der Trieb zur Vereinigung – sexuell, aber auch sonst – gilt überall (Vereinswesen!). Gründe dafür gibt es viele: Mengen guter Nahrung, Schutz in der Masse, Geborgenheit am Aufenthaltsort, Paarungserwartung etc. Gesellschaft ist einfach gemütlicher als Alleinsein. Die Bildung der Gruppe war die konsequente Fortsetzung zur Integrationskette Einzeller–Vielzeller–Gruppe und damit die nächste Stufe der Evolution der Complexa.

Doch nicht jede Ansammlung von Artgenossen ist eine Gruppe. Die Kellerasseln unter der feuchten Fußmatte nicht und auch nicht die in der Sonne tanzenden Mücken. Offene und deswegen genetisch weniger interessante Gruppen sind die Schwärme von Heringen, von Staren oder Flamingos. Ebenso auch die Herden von Gnus oder Zebras in der Savanne. Bei ihnen allen ist jeder Artgenosse willkommen oder bleibt jedenfalls unbeachtet. Anders ist zum Beispiel eine Herde von Elefanten. Entscheidend ist die Frage des **persönlichen Kennens**. Das ist das Kennzeichen der **geschlossenen Gruppe**. Im Gegensatz zu offenen Gruppen wird hier jeder Fremde aufgrund von Erfahrung sofort als „nicht dazugehörig“ erkannt – oft am Geruch. Neugeborene werden herumgezeigt, jedes Gruppenmitglied muss sie schließlich kennenlernen. Einer geschlossenen Gruppe kann man sich nicht einfach anschließen, ohne aufzufallen – man muss aufgenommen werden. Das bildet ein oft schwieriges Problem für Zoodirektoren, wenn sie einer bestehenden Gruppe ein neues Tier zufügen wollen.

Geschlossene Gruppen sind Rudel von Wölfen, Löwen oder Schimpansen, die Schulen von Delphinen oder Walen, die Rotten von Wildschweinen usw. – alles sind Säugetiere. Die ungewöhnliche Sozietät der unterirdisch lebenden Nacktmullen (s.u.) zeigt eine kuriose Ähnlichkeit zur Staatenbildung von Insekten, denn auch bei dieser unterirdisch in einer Gruppe lebenden Art ist – wie zum Beispiel auch bei Wölfen – nur ein „Herrscherpaar" berechtigt, Nachkommen zu erzeugen, die dann von allen Gruppenmitgliedern versorgt werden. Von „Tierfreunden" werden die am Horn von Afrika lebenden Tiere sogar als Haustiere gehalten und im Schönheitswettbewerb (www.haustiervote.de) präsentiert.

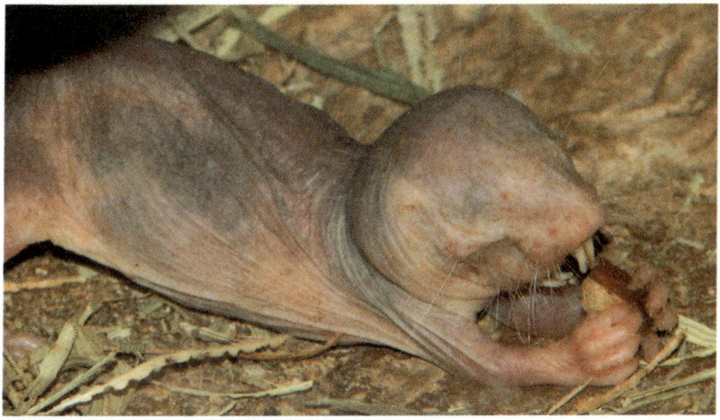
Nacktmull

Die Völker von Bienen, Wespen, Hornissen, von Ameisen und Termiten sind hochstrukturierte Gemeinschaften mit einer Königin, die zugleich Mutter des ganzen Volkes ist. Sie sind durch Instinkte noch enger verbunden als Gruppen anderer Tierarten. Die Grundlage des Zusammenhalts ist in allen Varianten von Gruppen stets die genetische Verwandtschaft.

Die Größen geschlossener Säuger-Gruppen sind verständlicherweise begrenzt, meist zwischen 5 und 50 Individuen. Wenn eine Gruppe unter guten Lebensbedingungen zu groß wird, kommt es zur Abspaltung einer Untergruppe. Hier wiederholt sich interessanterweise in großem Zyklus die Situation früher Einzeller, die sich ja ebenfalls einfach durch Zweiteilung vermehren.

Keine der geschlossenen Gruppen kann sich gänzlich gegen andere abschließen. Weiterentwicklung verlangt einen Genaustausch mit Artgenossen anderer Gruppen, der durch verschiedene, von Instinkten kontrollierte Programme gesichert ist. Während Kühe einer Elefantenherde gelegentlich kurzzeitigen Kontakt mit einzelnen Bullen haben, nehmen bei den Schimpansen die männlichen Tiere paarungswillige Weibchen aus einer anderen Gruppe dauerhaft auf. Als Gegenleistung wird ihre Gruppe selbst manches junge Weibchen verlieren.

Auch darin erkennt man wieder die Parallele zum Einzeller, dessen Sexualität – zum Beispiel bei Colibakterien – zwischen den Paarungstypen (primitives Äquivalent der Geschlechter) ja darin besteht, auf diesem oder jenem Wege ein Stück ihrer Erbsubstanz einem Partner zu übergeben.

Coli-Sexualität

Hfr-Zelle (Männchen-äquivalent) übergibt DNA-Faden an F⁻-Zelle

DNA (im Schema verkürzt) ist 500 mal länger als die Zelle.

aus Bresch/Hausmann: Klassische und molekulare Genetik

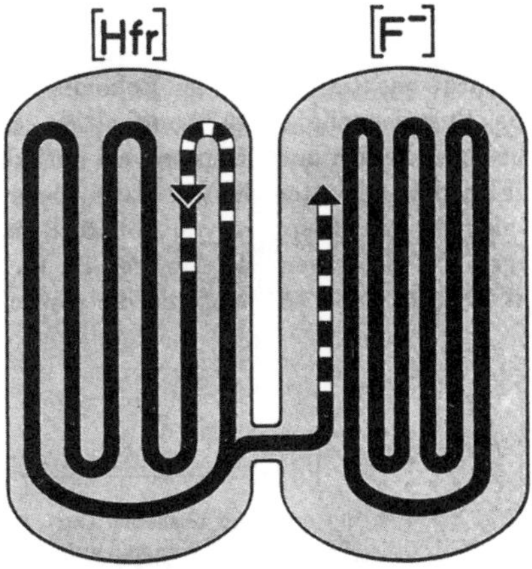

Die Parallele zwischen Einzellern und geschlossenen Gruppen zeigt sich auch beim Problem der Artenbildung. Zur Abspaltung einer neuen Art genügt es ja nicht, dass ein neuer Mutantentyp aufgetreten ist. Dieser würde zunächst ja nur eine Minderheit in der Population bilden, dann im Laufe der Zeit entweder verschwinden oder sich in der ganzen Population durchsetzen. Um daraus eine neue Art neben der bisherigen werden zu lassen, muss noch eine Aufspaltung in Teilpopulationen hinzukommen, meist durch räumliche Trennung.

Dabei ist oft **„genetic drift"**, also die zufällige Abtrennung weniger Individuen, mit im Spiel. Dadurch können ursprünglich seltene Mutanten durch Zufall einen relativ hohen Anteil in einer „Gründer-Population" erhalten und sich so schnell durchsetzen – besonders bei einer konkurrenzarmen Ausbreitung.

Auch wenn sich zwei getrennte Populationen verschieden entwickeln konnten, schmelzen diese bei erneutem Zusammentreffen doch häufig wieder zu einer Population zusammen. Nur relativ selten werden die inzwischen aufgesammelten Unterschiede gemischte Paarungen zwischen den beiden Populationen verhindern. In diesem Fall wäre die Abspaltung endgültig und die Bildung einer neuen Art abgeschlossen. Wird dagegen die alte gemeinsame Sexualbande erneuert, so ergeben sich besondere Möglichkeiten für neue, große Fortschritte, wenn in der längeren Trennung verschiedene nützliche Fähigkeiten in mehreren Schritten erworben wurden.

Die geographische Isolierung einer kleinen Eidechsenart könnte so zum Beispiel in der einen Population schrittweise zu leichterem Knochenbau geführt haben, was die Tiere gewandter beim Insektenfang machen würde, während sich in der anderen Population durch mehrere Mutationen ein Federkleid als Schutz gegen Kälte ausgebildet hätte. Beide Erwerbungen waren für ihre jeweilige Population von Nutzen. Wenn sich nach längerer Trennung beide Seiten wieder träfen und in größerer Häufigkeit paaren könnten, gäbe es eine sehr ansehnliche Wahrscheinlichkeit für gefiederte Eidechsen mit zartem Knochenbau. Wer aufpasst, sieht einen Archaeopteryx davonfliegen. (Nebenbemerkung: In Bayern wurden bisher zehn fossilierte Exemplare dieses rund 150 Millionen Jahre alten Urvogels gefunden.)

Dies ist noch einmal in der folgenden schematischen Serie illustriert. Wir beginnen mit einem langgestreckten Land, das von einer einheitlichen Population bevölkert ist:

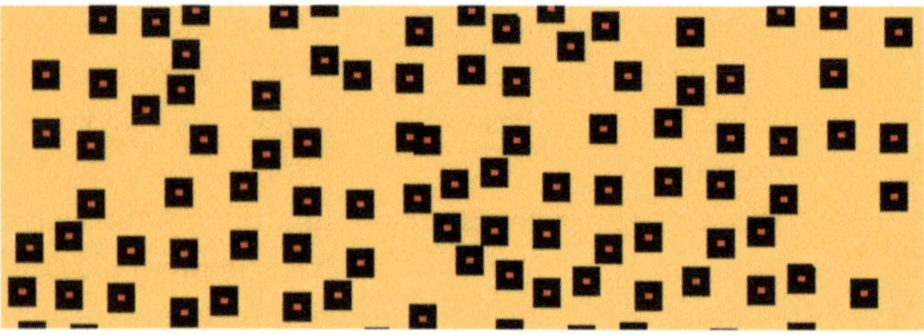

Durch steigenden Meeresspiegel entstehen Inseln; bevölkert mit zunächst gleicher Art:

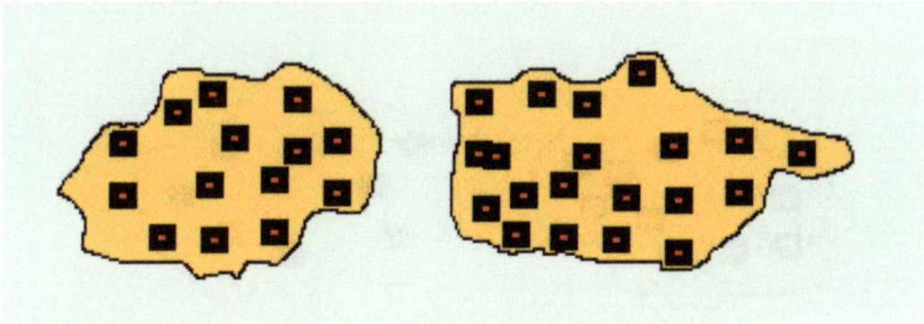

Während links eine erste Mutation leichtere Knochen bildet, entsteht rechts ein erster Anfang für ein Federkleid.

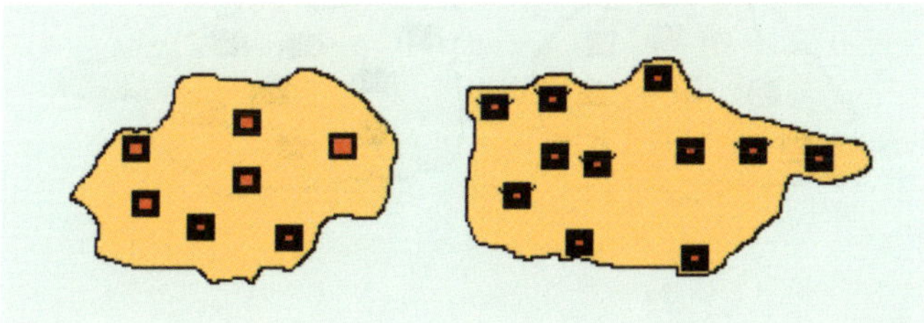

Weitere Mutationen verstärken diese Tendenzen:

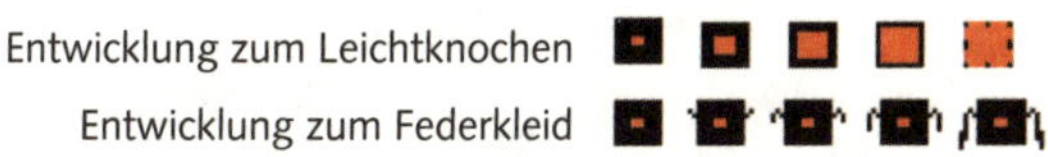

Leichterer Knochenbau und Kälteschutz durch Federkleid haben sich auf je einer Insel weiterentwickelt, vermehrt, und sie haben gegenüber der Ausgangspopulation Anteile gewonnen:

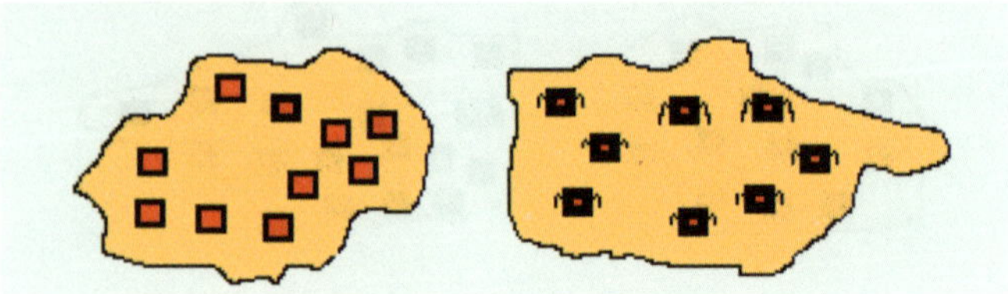

Die Entwicklung läuft auf jeder der beiden Inseln weiter in gleichen Richtungen ... und setzt sich schließlich völlig durch:

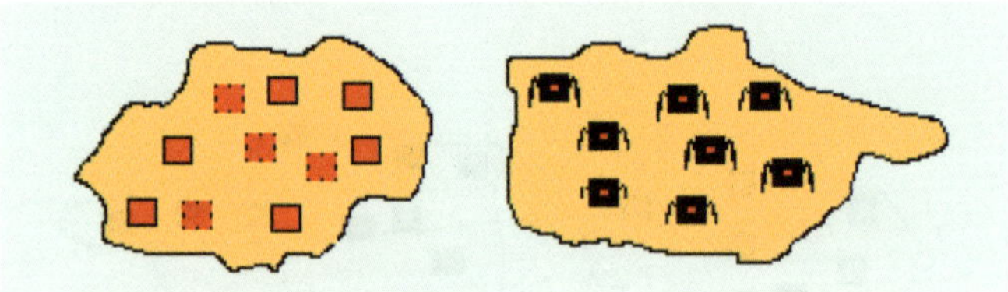

Jetzt aber sinkt der Meeresspiegel wieder – die Inseln verbinden sich und erste Paarungen zwischen bisher getrennten Populationen finden statt:

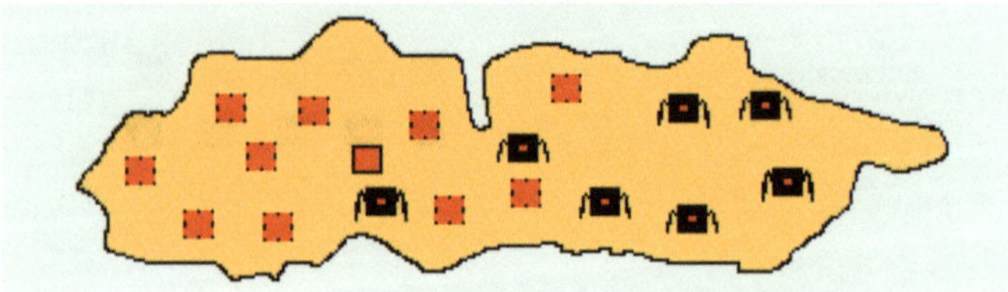

So sind auf der vereinten Insel Paarungen zwischen Leichtknochen und Federkleid möglich. Es entstehen vielerlei Mischtypen:

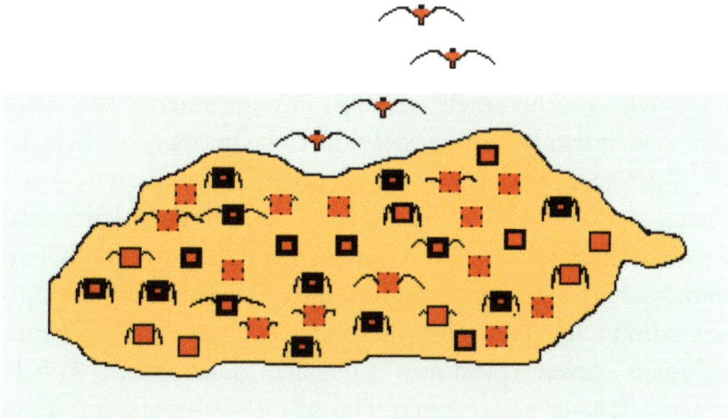

Die mögliche Kombination von getrennt angesammelten Fortschritten bietet die Chance für das Zusammenkommen ganzer sinnvoller **Mutationspakete**, die als Einzelmutationen wenig Erfolgsaussicht gehabt hätten. Auch Funktionswechsel von ganzen oder von Teilen solcher Mutationspakete liegen im Bereich des Möglichen. Der ursprüngliche Wärmeschutz des Federkleids kann zum Beispiel jetzt als Hilfe zum Fliegen benutzt werden. Ein solches Geschehen erlaubt Sprünge der Evolution. Kombination von Mutationspaketen ist die beste Erklärung für die schwer zu verstehende **„Makro-Evolution“**, deren scheinbare Unmöglichkeit so oft gegen den Darwinismus ins Feld geführt wird.

Der Typenreichtum der Makro-Evolution kann im Laufe weiterer Entwicklung schließlich in unterschiedlichen Arten festgeschrieben werden. Diesen Vorgang der Sexualität zwischen vorübergehend getrennten Populationen mit in dieser Trennung erworbenen mehrstufigen Fortschritten habe ich in meinem Buch „Zwischenstufe Leben“ (1977) in Betonung der Analogie zur Sexualität zwischen Individuen **„Episexualität“** genannt. Sie sollte besonders bei großen geologischen oder klimatischen Umwälzungen möglich sein, und zwar durchaus auch zwischen mehr als zwei Populationen, etwa wenn mit steigendem Meeresspiegel zahlreiche Inseln entstehen, die bei Rückgang des Meeres wieder verbunden würden. Auch durch Verschiebung ganzer Erdteile (Kontinentaldrift) wird Episexualität in riesigem Ausmaß möglich. Vermutlich sind derartige geologische Veränderungen in Verbindung mit Episexualität auch die wichtigste Ursache der gelegentlich beobachteten „Artenexplosionen“, also dem gleichzeitigen Auftreten zahlreicher neuer Arten. Das gilt ganz besonders, wenn damit die plötzliche Eroberung weiter Freiräume ohne anfänglichen Konkurrenzdruck verbunden ist.

Das blitzartige Auftreten einer wesentlichen Neuerung hat Konrad Lorenz treffend als „Fulguration“ bezeichnet, aber dadurch ja nicht erklärt. Die Deutung durch Episexualität erlaubt die schrittweise Entwicklung eines Federkleids völlig unabhängig und an anderem Ort als die Ausbildung eines schrittweise leichteren Knochenbaus. Für beide Vorgänge sind durchaus getrennt Zwischenformen zu erwarten, nicht jedoch für den Ursprung des Fliegens, weil die Episexualität beide Fähigkeiten schlagartig verbindet. Bei derartig schnellen Entwicklungen in kurzer Zeit sind auch nur wenige Individuen in der Übergangsphase zu erwarten. Diese seltenen Zwischenformen sind also schwer zu finden. Zum Vergleich: Auf Autoschrottplätzen trifft man auch viele VW Käfer an und ebenso unzählige VW Golfs. Aber wo sind die Entwicklungsfahrzeuge? Davon gab es nur ganz wenige Exemplare.

Als Abschluss der Episexualität möchte ich hier wie in unserem Lehrbuch „Klassische und molekulare Genetik“ (Bresch u. Hausmann 1973) das 1. Buch Mose 6,1–4 zitieren:

> *„Da sich aber die Menschen begannen zu mehren auf Erden und ihnen Töchter geboren wurden, da sahen die Kinder Gottes nach den Töchtern der Menschen, wie sie schön waren, und nahmen sie zu Weibern (...), da die Kinder Gottes zu den Töchtern der Menschen eingingen und sie ihnen Kinder gebaren, wurden daraus Gewaltige in der Welt und berühmte Männer.“*

Mischung bringt evolutive Entwicklung – bei Individuen, bei biologischen Populationen (besonders bei länger getrennten) und auch bei Völkern in der Kulturgeschichte der Menschheit. Die Genetik nennt das „hybrid vigor“, die Stärke der Rassenmischung. Hitler liebte „Rasse-Reinheit“, er wusste nicht genug von Vererbung.

9 ... seinen Kopf im Taxi vergessen?

Affen, Schädel und – als technischer Anhang – Mitochondrien

„Höchstens die Darwinisten stammen vom Affen ab."
(Samuel Wilberforce, 1805–1873, Bischof von Oxford, bekannt als „soapy Sam")

Stellen Sie sich eine Karte der Welt vor. Drucken Sie davon 700 Stück, je eine für 10 Tausend Jahre der 7 Millionen Jahre Entwicklungsgeschichte vom Affen zum Menschen. Jetzt tragen wir jeden Schädel, jedes Schädelstück oder jeden sonstwie wichtigen Fund an seinem Fundort auf dem Kartenblatt ein, das dem Alter des Fundes entspricht. Unsere Eintragungen wären dann irgendwie wild-sporadisch im Papierstapel verteilt. Viele Kartenblätter hätten gar keine Eintragung abbekommen. Was könnten wir jetzt schon feststellen? Zunächst, dass in dem unteren (sehr alten) Teil des Stapels alle Eintragungen nur in Afrika wären. Dann, dass die Schädel umso affenähnlicher aussähen, je weiter unten im Kartenstapel sie gefunden wurden. Man könnte Gebiete und Zeiträume ähnlicher Formen einkreisen, aber von einem richtigen „Stammbaum" des Menschen ist nichts zu erkennen. Das Ganze ist höchstens ein wirres „Stammgebüsch".

Wenig erleichternd kommt hinzu, dass die meisten Entdecker eines Schädels verständlicherweise ihren Fund für besonders wichtig halten und ihm deshalb einen neuen Namen geben. So haben wir viele Namen, denen man nur ungenaue Zeiträume, ebenso ungenaue Verbreitungsgebiete und schon gar nicht eindeutige Abstammungslinien zuordnen kann. Mit mehr Funden werden die Grenzen zwar etwas klarer, aber es bleibt beim „Gebüsch“ der fossilen Schädel. Es sind so viele, dass es schwer ist, in dieser Menge, über Millionen Jahre und über ganz Afrika verstreut, eine Linie vom Affen zum Menschen zu erkennen. Insgesamt haben Forscher mit einiger Willkür 22 Gattungen von Vor- und 7 von Urmenschen unterschieden – und es kommen immer neue Funde hinzu, Hunderte von Knochen.

Welche Informationsquellen haben wir heute, um das Vorfeld und den Weg zum Menschen zu erkunden?

- Die Forschung an Menschenaffen,
- die Knochen und Steine der Paläoanthropologie,
- die Molekulargenetik lebender Menschen und sogar die von menschlichen Fossilien, wie die Knochen der Neandertaler,
- die Analyse der Verbreitung und Verwandtschaft von Sprachen.

Wenden wir uns den Affen zu. In der Primatenwelt finden wir, genetisch nahe mit uns verwandt, vier Arten von Menschenaffen: Orang-Utan, Gorilla, Schimpanse und Bonobo. Gemessen an den DNA-Unterschieden, trennt sich zuerst der Orang-Utan, der einzeln in Urwaldbäumen in Sumatra und Borneo lebt, von dem afrikanischen Abstammungsgebüsch des Menschen ab, dann vor etwa 8 bis 10 Millionen Jahren der Gorilla mit einem Silberrücken als Chef einer festen Familiengruppe mit Harem und Kindern. Es gibt in Zentralafrika den Flachland-Gorilla und den langhaarigen, pechschwarzen, vom Aussterben besonders bedrohten Berg-Gorilla. Es hat sogar einen Albino-Gorilla namens Snowflake gegeben, der, als Jungtier gefangen, Jahrzehnte im Zoo von Barcelona lebte. Er hatte mit mehreren Weibchen 21 Kinder und 10 Enkelkinder – alle waren schwarz. Sein beobachtender Blick überzeugt von seiner Menschen-Ähnlichkeit:

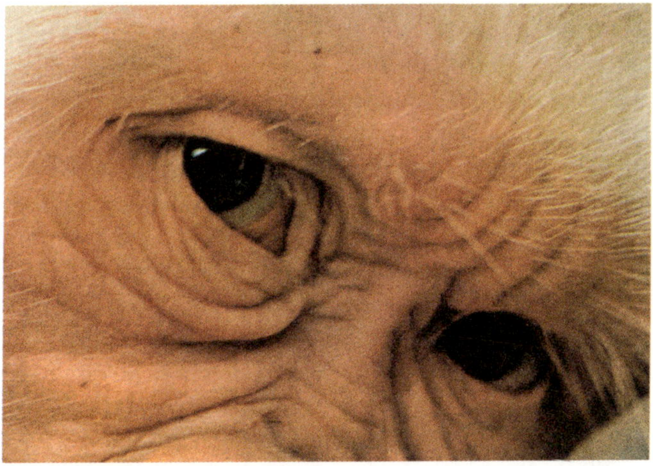

Schneeflocke, der erste und einzige bekannte weiße Gorilla – verstorben an Krebs mit 40 Jahren am 24.11.2003 (Foto: Michael Kuh; © National Geographic)

Vor rund 5 bis 7 Millionen Jahren zweigen schließlich die Schimpansen ab, die sich noch einmal in den eigentlichen Schimpansen (Pan troglodytes) und den Bonobo (Pan paniscus) auftrennen. Bei den Bonobos, die in Afrika völlig getrennt von Schimpansen nur südlich des Kongobogens leben, haben die Weibchen das Sagen. Dagegen kontrollieren bei den Schimpansen die Männchen mit einem dominanten Boss die Gruppengemeinschaft. Dabei ist für die Führungsposition mehr die geschickte Diplomatie, Freunde zu gewinnen, als die eigene Körperkraft entscheidend.

Menschenaffen zeigen menschenähnliche Neugierde, Nachahmungstrieb, unterrichtende und strafende Erziehung sowie deutliches Spielverhalten (z. B. „Blinde Kuh"). All das ist wichtig zum Erlernen ihrer Fähigkeiten. Auch Anfänge von Tradition und Kultur gibt es bei Affen. Bei Japan-Makaken findet man, begrenzt auf einzelne Gruppen, spezielle Gewohnheiten, zum Beispiel das Baden in heißen Quellen oder das Waschen von Kartoffeln, was ursprünglich von jungen Weibchen erfunden, dann von anderen übernommen, schließlich zu einer speziellen Tradition der lokalen Gruppen wurde.

Auch Werkzeuggebrauch ist kein Privileg des Menschen. Schimpansen benutzen zerkaute Blätter als Schwamm beim Wassertrinken oder Steine als Hammer und Amboss zum Aufschlagen harter Nüsse. Dabei zeigen sie vorausschauende Planung, indem sie einen guten Hammerstein 500 Meter zum Nussbaum tragen. Das Angeln nach Termiten oder Honig mit einem kleinen Stöckchen, dessen Ende für diesen Zweck manchmal zu einem kleinen Besen zerbissen wird, zeigt sogar planvolle Werkzeug-Herstellung.

Jill D. Pruetz von der Iowa State University beobachtete vor kurzem im Senegal, dass in der Savanne lebende weibliche Schimpansen Äste mit ihren Schneidezähnen anspitzten, dann damit mehrfach in die Schlafhöhlen von Buschbabys (Galagos) stießen, um diese zu verletzen. Das ist dann sogar Jagd mit in gezielter Absicht hergestellten Waffen!

Schon länger hatte man bei Pavianen und Schimpansen beobachtet, wie Männchen gelegentlich als Gruppe zur Jagd gehen. Steine als Wurfgeschosse und Knüppel zum ungelenken Schlagen werden aber nur bei Bedarf aufgelesen und nicht zur Jagd mitgeführt. Dabei kreisen Schimpansen Jungtiere von Springböcken, Warzenschweinen, Pavianen oder anderen Affen planmäßig ein. Der erfolgreiche Jäger gibt dann Teile des erlegten Tiers an seine männlichen Jagdgenossen weiter.

Das gefangene Tier wird dazu brutal und nicht gerade sehr gerecht geteilt, dann gemeinsam verzehrt. Auch Weibchen können in beschränktem Maße daran partizipieren, wohl hauptsächlich dann, wenn sie im Oestrus, also empfängnisbereit sind. Nicht alle Menschenaffen sind also Vegetarier.

Schimpansen-Gruppen besitzen feste Territorien, an deren Grenzen Trupps der Männchen regelrechte Patrouillengänge durchführen. Von da ist es nicht mehr weit zum veritablen Territorialkrieg. Eine derartige Auseinandersetzung zwischen der nördlichen Kasakela und der südlichen Kahama-Gruppe im Gombe-Nationalpark wurde tatsächlich zuerst von Jane Goodall beobachtet.

Kasakela-Spähtrupp – Blick ins Kahama-Tal (© Curt Busse)

Der Unfrieden zog sich über Jahre hin. Einzelne von der Grenzwache angetroffene Männchen oder Weibchen der Südgruppe wurden überfallen und systematisch umgebracht. Schließlich wurde das Südterritorium gänzlich von der Nordgruppe übernommen. Einseitige Eroberungskämpfe also – mit Tötung von Artgenossen!

Ähnliches Geschehen wurde später mehrfach beobachtet und 2002 von David Watts (Yale University) sogar gefilmt. Krieg – definiert als der geplante oder länger andauernde

Kampf auf Leben und Tod zwischen zwei Gruppen – ist aber vielleicht doch eine etwas zu anthropomorphe Bezeichnung für einen solchen gewaltsamen Territorialstreit.

Unter Zoo-Bedingungen hat man das Ich-Bewusstsein von Schimpansen durch den Spiegelversuch nachgewiesen. Dabei setzt man einem narkotisierten Tier eine Markierung auf die Stirn. Wieder erwacht, greift der Affe vor einem Spiegel sofort an den Fleck. Viki, ein Schimpansen-Mädchen, wurde in einer menschlichen Familie großgezogen. Man brachte ihr bei, Bilder von Tieren und Menschen in zwei Haufen zu sortieren. Das Resultat des Versuchs: Das Bild ihres Schimpansen-Vaters landete auf dem Tierstapel, ihr eigenes Bild – sie kannte sich aus dem Spiegel – kam zu den Menschen.

Besonders bei Bonobos ist die Sprachfähigkeit sehr beeindruckend. Aber nicht nur aus diesem Grund sehen Wissenschaftler im Bonobo den Affen mit der größten Ähnlichkeit zum Vorläufer des Menschen. Auch ihr ganzes Sexualverhalten wirkt menschenähnlich. Bonobos sind die einzigen Tiere, die Sexualität nicht nur instinktgesteuert zur unbewussten Fortpflanzung, sondern als Mittel der sozialen Bindung betreiben – oft zur Schlichtung von Streit. Ihre Devise ist die der Blumenkinder von 1968: „MAKE LOVE – NOT WAR".

Frans de Waal führte intensive Zoostudien zum Sozialverhalten der Bonobos durch und beobachtete vielseitige Partnerschaften, Homosex in beiden Geschlechtern, Masturbation, Oralsex und „Missbrauch" von Jugendlichen. Auch menschenübliche Kopulationsstellungen. In jedem Fall ist Blickkontakt der Partner wichtig. Gelegentlich kann das Männchen als kleine Liebesgabe auch eine Apfelsine mitbringen. (Leider waren die Rechte zum Nachdruck eines entsprechenden Fotos nicht zu erhalten.)

Vielleicht schade, dass sich der Mensch schon so früh vom aggressiven, kompetitiven Schimpansen getrennt hat und nicht erst später aus dem Zweig der so sanften, wenn auch wohl etwas „over-sexten" Bonobos. Aber wir hätten dann als aggressionslose Warmduscher keine Kultur entwickelt.

Ergänzend sollte erwähnt werden, dass mir noch keine Feldbeobachtung bekannt ist, die das Zooverhalten innerhalb einer Gruppe auch zwischen verschiedenen Bonobo-Gruppen in der Natur entsprechend untersucht hätte.

Wie dem auch sei: Was fehlt dem Menschen noch zur Kultur? Sprache! Obwohl Menschenaffen keine anatomischen Voraussetzungen zum wirklichen Sprechen besitzen, sind sie zur sprachlichen Begriffsbildung fähig. Durch das Zeigen auf Tafeln können sie durch viele Symbole mit dem menschlichen Lehrer kommunizieren. Sogar abstrakte Begriffe wie „Ist das Zeichen für" oder „Wenn, dann" konnte die Schimpansin Sarah verstehen und selbst benutzen.

Bei Schimpansen hat man 150 verschiedene akustische Reizsignale unterschieden. Bonobos verstehen 250 Symbole auf Tafeln und mehr als 2 500 gesprochene Wörter. Das Sprachgenie ist der Bonobo Kanzi, der sich durch viele Symbolzeichen ausdrücken kann, aber auch gesprochene Sprache versteht – und das sogar am Telefon! „Hol mal den Apfel aus dem Kühlschrank und leg den Apfel auf den Tisch" wird sofort erledigt.

Kanzi im Gespräch mit seiner Lehrerin Sue Savage-Rumbaugh
(© Enrico Ferorelli/DOT/Focus)

Trotz alledem war wohl Gott mit dem Affen noch nicht zufrieden und schuf daher den Menschen, sagt Mark Twain. Seitdem hat er es nicht wieder versucht, sagt Mark Twain.

Adam stammt aus Afrika, das hatte schon Charles Darwin vermutet, weil dort drei der vier bekannten Menschenaffen zu Hause sind. (Der Unterschied von Schimpansen und Bonobos wurde erst 1929 bemerkt.)

Über die bisher älteste Fossilie auf dem Weg vom Affen zum Menschen wurde vor wenigen Jahren berichtet. Der **Sahelanthropus tchadensis** („Toumai“, Lebenshoffnung) wurde 2007 von dem Fossilienforscher Michel Brunet im Tschad (Südsahara) gefunden.

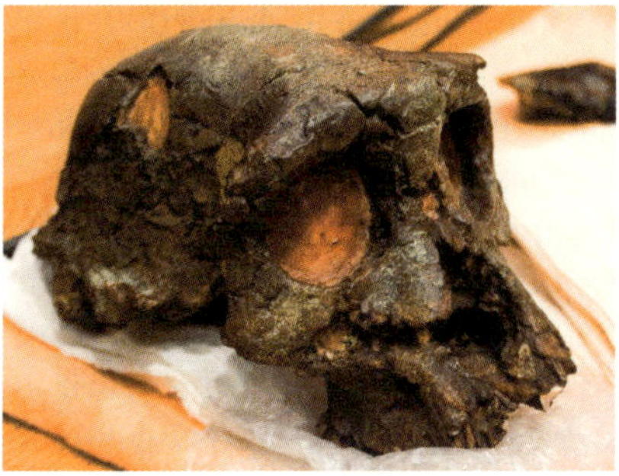

(© Brunet)

Er ist ca. 7 Millionen Jahre alt und das bisher älteste menschenähnliche Wesen. Sein Gehirn hat etwa die Größe eines Schimpansen-Gehirns. Der Ansatz der Halswirbel am Kopf lässt einen aufrechten Gang vermuten. Wie andere Fossilien am Fundort zeigen, lebte er damals in einer tier- und wasserreichen Umwelt.

Vor dem Fund von Toumai wurden alle anderen Schädel aus dem „Vormenschen-Stammesgebüsch" in Ostafrika entdeckt. So wurden 1994 bei Middle Awash/Äthiopien 106 Knochenbruchstücke und Schädelteile des **Ardipithecus ramidus** (4,4 Millionen Jahre alt, ca. 120 cm Körpergröße) gefunden und in jahrelanger Arbeit mühselig zum „Ardi" zusammengebastelt. Da seine gefährlichen Reißzähne zurückgebildet waren, halten viele Fachleute Ardi für einen friedlichen Typ. Ich meine eher, Ardi hatte den Vorteil eines Faustkeils begriffen, was die Reißzähne als Waffe entbehrlich machte.

1994 entdeckten Mitarbeiter der Leakey-Familie bei Kanapoi/Kenia ebenfalls rund 4 Millionen Jahre alte Bruchstücke eines **Australopithecus anamensis** getauften Skeletts. Der so genannte Millennium-Mann gehört mit 6 Millionen Jahren ebenfalls zu den ältesten Verwandten des Menschen.

Von ihm wurden im Jahr 2000 (daher der Name) in der Baringo-Region des kenianischen Grabenbruchs ca. 20 Knochenstücke gefunden. Die Entdecker Brigitte Senut und Martin Pickford gaben ihm den Namen **Orrorin tugenensis** und erkannten auch an ihm Anzeichen eines aufrechten Gangs.

Schon vor 5 bis 6 Millionen Jahren verloren – wie der Paläanthropologe Friedemann Schrenck vom Senckenberg-Institut berichtet – Vormenschen ihre langen, gefährlichen Eckzähne. Die entsprechende Veränderung der Kieferknochen lief parallel zur wachsenden Gruppen-Kooperation und zum Wechsel in die Savannenlandschaft. Dies zeigt, wie bereits eben schon vermutet, dass damals solche Waffen wohl durch den Stein in der Faust ersetzt wurden – auch wenn erste eindeutig bearbeitete Faustkeile erst 2 bis 3 Millionen Jahre später nachgewiesen wurden.

1974 waren schon viele vormenschliche Schädel bekannt, als in Äthopien – nahe am Golf von Aden – das Prachtstück der Vormenschen-Fossilien von Donald Johanson gefunden wurde: **„Lucy“**, ein zu 40 % vollständiges Skelett einer ca. 20-jährigen Frau (Größe: 110 cm, Alter: 3,3 Millionen Jahre). Auch Lucys Beckenknochen bezeugten einen aufrechten Gang.

Das wurde wenige Jahre später voll bestätigt, als Mary Leakey bei Laetoli versteinerte menschliche Fußspuren fand, eingedrückt in feuchte Vulkanasche. Es waren Fußabdrücke einer ganzen Familie: Zwei Erwachsene waren hintereinander gegangen und ein Kind, mit halber Schrittlänge, links wohl an der Hand der Mutter. Das Alter des Gesteins und damit der unanfechtbare Beweis für einen aufrechten Gang wurden auf 3,7 Millionen Jahre datiert.

Fußspuren von Laetoli

Auch der schon lange bekannte Sumpfaffe aus der Toskana **Oreopithecus bambolii** (Gehirn: 500 ml, Größe: 110 cm, Reste von 30 Individuen) ging wohl aufrecht. Er lebte vor 5 bis 8 Millionen Jahren im Apennin-Gebirge, als fast ganz Italien unter dem Meeresspiegel lag. Dabei muss man berücksichtigen, dass das Mittelmeer vor etwa 6 Millionen Jahren durch tektonische Bewegungen vom Atlantik getrennt wurde und für ca. 600 Tausend Jahre praktisch ausgetrocknet war, bis sich bei Gibraltar erneut ein großer Wasserdurchbruch ereignete, der den so lange möglichen Übergang von Afrika nach Europa wieder unterbrach.

Weil in Laetoli auch Kiefer und Zähne gefunden wurden, die mit anderen aus Afar, 1600 Kilometer weiter nördlich, übereinstimmten, musste der so genannte **Australopithecus afarensis** weite Verbreitung gehabt haben. Der afrikanische Südaffe wurde zuerst schon 1925 durch Raymond Arthur Dart beschrieben und **Australopithecus africanus** genannt. Glückliche Zufälle hatten ihm das Fossil eines Kinderschädels aus einem Kalksteinbruch bei Taung (Südafrika) in die Hände gespielt. Er hatte den kleinen Schädel als vormenschlich erkannt. Seine Veröffentlichung stieß auf schroffe Ablehnung. Trotz der Milchzähne wurde der Kopf wegen seiner Kleinheit von den wissenschaftlichen Kollegen den Affen zugeordnet. Die Londoner Polizei erkannte das besser. Als Dart den Schädel nach dessen Demonstration auf einer Tagung – in Zeitungspapier gewickelt – im Taxi liegen ließ, fahndete Scotland Yard nach einem Kindsmörder. (Schöne Legende, wenn's stimmt.)

(© Bernard Price Institute for Paleontological Research at the University of Witwatersrand)

Es war auch Raymond Arthur Dart, hier mit dem Taung-Kinderschädel, der den Australopithecus als Jäger mit Tendenz zum Totschläger von Artgenossen vermutete. Er begründete seine Thesen mit einer statistischen Analyse von Knochen, aufgehäuft in den Höhlen Südafrikas. Auch diese Theorie stieß auf heftigen Widerspruch. Die Mehrheit der Wissenschaftler orientierte sich am friedlichen, lieben Wilden von Rousseau. Totschlag kommt zwar beim Schimpansen vor und bei uns Kulturmenschen, aber doch nicht beim Australopithecus. Wie kann man nur so etwas denken?! All die verdächtigen Knochenreste mussten also von Hyänen in die Höhlen geschleppt worden sein. Wer verbindet schon genügend Fachkenntnisse über Statistik, über versteinerte Knochen und Hyänen mit Objektivität? Meist fehlt mindestens eines von diesen. Mir leider auch die Kenntnis von Hyänen und Knochen.

Älteste Steinwerkzeuge stammen vom **Homo habilis** aus dem Olduvai-Gebiet in Ostafrika und aus Koobi Fora am Turkana-See. Seine insgesamt kleineren Zähne weisen auf eine vermehrte Fleischnahrung hin. In der Zeit des habilis (vor 1,5 bis 2,8 Millionen Jahren) gibt es überraschend viele Varianten. Maeve Leakey (Schwiegertochter von Louis Leakey, dem Begründer der Fossilienforscherfamilie Leakey) sagt, grundlegende Neuerungen würden von der Evolution erst einmal variiert. Aber auch das Umgekehrte gilt: Neues kann entstehen, wo – aus welchen Gründen immer – viel variiert wird. Die vielleicht wichtigste Variante ist der von Richard Leakey (dem Sohn) gefundene **Homo rudolfensis**, aus dem sich nach Meinung vieler Fachleute der **Homo erectus**, der erste „Globalisierer“, entwickelt hat. Aus Afrika – etwa aus Kenia – kommend, begannen vor rund 2 Millionen Jahren seine Wellen der Wanderungen nach Asien und später nach Europa. Mit ihm ist wirklich der welterobernde Frühmensch erreicht.

Den sporadischen Funden nach lebte er vor 1,8 Millionen Jahren in Georgien, vor rund einer Million Jahren schon auf Java (Trinil am Solo-Fluss), aber etwa zeitgleich auch in Lantian (China), später, vor 500 Tausend Jahren, in der Nähe von Peking (Zhou-K'ou-Dian). Schädel aus Georgien zeigen ein Hirnvolumen von 750 ml, noch recht bescheiden im Vergleich zu den etwa 400 ml von Menschenaffen, aber schon deutlich angewachsen. Wandertrieb und Gehirnwachstum scheinen korreliert: Was ist Ursache, was Folge? Beides hängt wohl mit der Entwicklung zur erfolgreicheren Jagd zusammen.

Intensiv an den chinesischen Erectus-Ausgrabungen beteiligt war der Paläontologe und Jesuitenpater Teilhard de Chardin. Mehrere dort gefundene Schädel existieren leider nur in Kopien. Weil man die Originale im Zweiten Weltkrieg sichern wollte, sollten sie alle – in zwei Kisten verpackt – nach Amerika verschifft werden, sind dann aber in den Wirren des Kriegs verschwunden und landeten wohl auf dem Grunde des Meeres.

Etwa 800 Tausend Jahre alte Werkzeuge und Skelettreste finden sich in Italien, Spanien und England. Auch in Deutschland lebte der Homo erectus vor ca. 600 Tausend bis 500 Tausend Jahren, wie schon 1907 ein bei Heidelberg in einer Sandgrube zufällig gefundener Kieferknochen bewies. Sein aufmerksamer Entdecker, der Arbeiter Daniel Hartmann, hatte die Bedeutung seines Fundes sofort erkannt und meldete: „Heit haw ich de Adam gefunne." Zu seinen Ehren eröffnete die Stadt Mauer 1982 ein kleines Museum.

Vor einigen Jahren hat sich durch neue Funde weltweites Interesse auf den norddeutschen Raum gerichtet. So sind in Hannover die ältesten erhaltenen Wurfspeere des Homo erectus zu sehen. Sie sind 180 bis 250 cm lang, etwa 300 Tausend bis 400 Tausend Jahre alt und wurden 1994 im Braunkohletagebau von Schöningen, nicht weit von Helmstedt, entdeckt – ein wirklich sensationeller Glücksfall. Unter der Leitung von Hartmut Thieme fand man dort drei altsteinzeitliche Jagdlagerplätze und eine Fülle von bearbeiteten Knochen der Beutetiere – meist Wildpferde, aber auch andere. Hier ist ein durch das aufliegende Sediment deformierter Speer (Ober- und Unterseite sowie zwei Seitenansichten) zu sehen.

Schöninger Speer II, Ansicht 1–4, Fundplatz 13II, Abbildung 115b aus dem Begleitband der Landesausstellung „Die Schöninger Speere“. (© Foto Christa S. Fuchs, Niedersächsisches Landesamt für Denkmalpflege, 2002)

Ein zweiter bedeutender deutscher Fundort, Bilzingsleben, liegt bei Erfurt. Er ist ebenso etwa 400 Tausend Jahre alt. Dietrich Mania von der Universität Jena hat dort ein ganzes Lager der Frühmenschen mit Wohnplätzen für ca. je sechs Personen, einem Ritualplatz sowie Tausende weiterer interessanter Grabungsstücke gefunden. Die Untersuchung von 27 Schädelfragmenten zeigte ein Gehirn von inzwischen auf 1 100 ml angewachsener Größe mit Ähnlichkeiten zu den Erectus-Schädeln aus Afrika, Peking oder Java.

An beiden Orten, in Schöningen und in Bilzingsleben, aber auch in den Höhlen von Zhou-K’ou-Dian (bei Peking), wurden Feuerstellen gefunden. Niemand weiß genau, wo und wann das erste Mal das Feuer gezähmt wurde, wenigstens eine Weile zum Wärmen. Wahrscheinlich war sein erster Bezwinger ein Homo habilis oder Homo erectus. Dicke Ascheschichten zeigen wohl ununterbrochenes Lagerfeuer, verraten aber weder, wann es dem Menschen gelang, Feuer selbst nach Bedarf zu entzünden, noch, ob die Nutzung des Feuers mehrfach entdeckt wurde.

Vielleicht zu einer frühen Wanderwelle des Homo erectus gehört ein auf der indonesischen Vulkaninsel Flores im Jahr 2003 ausgegrabenes Kuriosum: der so genannte Hobbit, offiziell: **Homo floresiensis**. Er oder sie war offenbar eine ca. 100 cm große Zwergform des Homo erectus und hatte ein Gehirnvolumen von 380 ml, menschenaffengroß. Man fand Knochen von mehreren der kleinen Individuen sowie Feuerreste und Tierknochen. Handelte es sich um eine neue, trotz des kleinen Gehirns weit entwickelte Hominiden-Art?

Der Entdeckung schloss sich ein intensiver Streit unter Fachleuten an, ob die „Hobbits“ nun wirklich eine Liliputaner-Variante des schon vor 840 Tausend Jahren (wie Steinwerkzeuge belegen) nach Flores vorgedrungenen Homo erectus waren oder doch nur krankhafte Individuen des erst mit der zweiten großen Wanderung im malayischen Archipel eingetroffenen Homo sapiens. Noch ist der Fall nicht endgültig geklärt. Man brauchte einen weiteren Schädel oder noch viel besser: Mitochondrien des Hobbits. Das eigentlich Sensationelle aber war das Alter der Knochen. Es streute zwischen 13 und 95 Tausend Jahren.

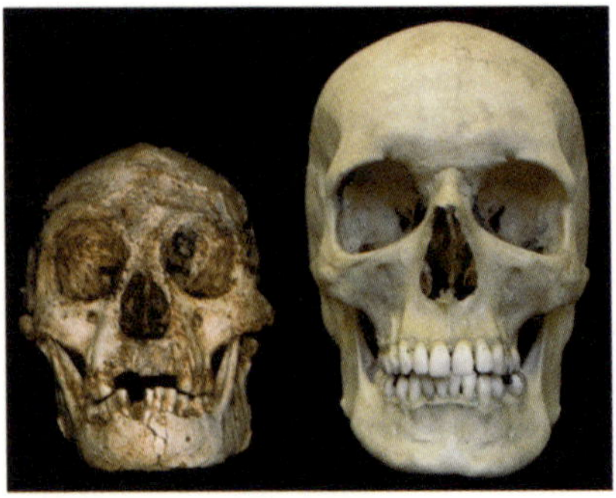

„Hobbit“-Schädel im Vergleich zu heutigem Sapiens (© Mit freundlicher Genehmigung von Prof. Peter Brown)

Wieso hatte Eva sieben Töchter?

Oder: Was sind Mitochondrien?

Hier das technische Zusatzkapitel, das man auch überschlagen kann. Es ist für genetisch Interessierte gedacht, die unbedingt wissen wollen, wie man zu der Behauptung kommt, alle Menschen außerhalb Afrikas hätten eine gemeinsame Ururgroßmutter, die vor etwa 200 Tausend Jahren lebte.

In allen Zellen aller Tiere und Pflanzen gibt es außerhalb des Zellkerns bakterienähnliche Körper, die sich wie Bakterien durch Zweiteilung vermehren. Man findet eine Handvoll dieser Mitochondrien pro Zelle, doch können in Zellen mit hohem Energiebedarf, wie zum Beispiel Muskel- oder Gehirnzellen, auch Tausend und mehr, in Eizellen sogar 200 Tausend bis 300 Tausend gleiche Mitochondrien vorkommen! Wenn sich eine Zelle teilt, werden Mitochondrien an beide Tochterzellen zufallsgemäß verteilt. So werden auch die vielen Mitochondrien der Eizelle an alle Zellen des Embryos weitergegeben.

Mitochondrien sind die Energielieferanten der Zellen. Sie verbrennen Nahrung und speichern die frei gewordene Energie in ATP-Molekülen, die die Zelle nach Bedarf einsetzen kann.

Sehr früh in der Evolution wurden Mitochondrien quasi als Symbionten in die Zellen integriert. Sie gewannen Nahrung und Schutz in der Zelle und lieferten als Gegengabe Energie – nützlich für beide Seiten. Da mütterliche Eizellen zwar den Zellkern des Spermiums, aber keine väterlichen Mitochondrien dauerhaft aufnehmen, erhält jedes Lebewesen seine Mitochondrien ausschließlich von der mütterlichen Seite, und das über Generationen hinweg, stets von Mutter an Tochter. Das heißt: Alle Nachkommen in weiblichen Linien einer gemeinsamen Ururgroßmutter müssen die gleichen Mitochondrien besitzen. Diese Voraussage konnte man an Tausenden von Zuchthamstern bestätigen, die alle von einem einzigen Muttertier abstammten.

Jetzt die Genetik: Mitochondrien tragen (wohl aus ihrer Vergangenheit) Teile eines eigenen Erbguts (mtDNA) in einer ringförmigen DNA aus rund 16 500 Basenpaaren, die den gleichen Code benutzen wie die chromosomale DNA. Wichtig ist ein Ringabschnitt von etwa 500 Basenpaaren. Dieser „Kontrollabschnitt" erfährt wie der übrige Ring kleine Mutationen, also zufällige Fehler bei der Replikation. Während Mutationen im übrigen Ring meist schnell zum Absterben fehlerhafter Mitochondrien führen, also bald verschwinden, wirken sich Mutationen im Kontrollabschnitt nicht negativ aus. Sie bleiben stabil erhalten und werden mit der anderen DNA repliziert.

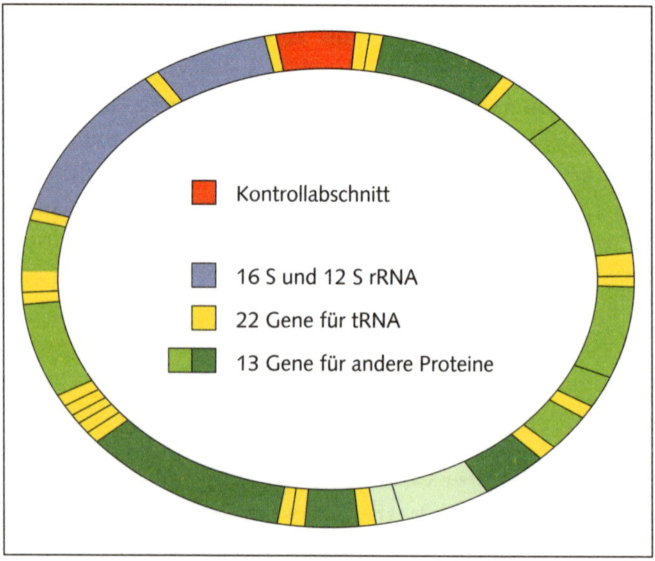

Im Laufe von Zellteilungen und Generationen sammeln sich diese Mutationen im Kontrollabschnitt an. Ihre Anzahl ist ein Maß für die Generationenanzahl bzw. das Alter einer betrachteten Urahne. Glücklicherweise sind die Mutationen recht selten, sonst hätte schon die Hamsterpopulation Unterschiede zeigen müssen. Andererseits ist die Mutationsrate nicht zu klein, denn dann könnte man auch keine Erkenntnisse gewinnen.

Wie groß ist die Mutationsrate denn nun? Ihre Messung ist mühsam und ungenau. Aber es gibt verschiedene Methoden der Abschätzung, die zu ganz ähnlichen Werten geführt haben. Im Zellkern liegt die Fehlerrate der Replikation bei einer falschen auf etwa eine Milliarde richtiger Basen. Im Kontrollabschnitt der Mitochondrien ist sie 20-mal größer. Auf menschliches Leben bezogen, ereignet sich im Kontrollabschnitt eine Mutation in etwa 20 Tausend Jahren oder in rund Tausend Generationen.

Man beachte: Was uns am meisten interessiert, sind die relativen Zeiten der Evolution, also zum Beispiel, dass Schimpansen und Bonobos sich erst getrennt haben, lange nachdem der Mensch schon abgetrennt war. Weniger interessant ist doch, ob dies nun 2 oder 4 Millionen Jahre zurückliegt. Es ist sicher schon sehr lange her. Insofern ist auch eine mögliche Unsicherheit in der absoluten Zeit der Mitochondrien-Uhr meist von nur geringer Bedeutung.

Wie nutzt man nun die mitochondriale DNA-Uhr des Kontrollabschnitts? Wir fragen, ob zwei Personen in ihren mütterlichen Linien eine gemeinsame Ahnfrau haben. Zunächst muss die DNA der beiden gewonnen und vermehrt werden. Dann werden die Basensequenzen der Kontrollabschnitte bestimmt. Nehmen wir an, sie seien fast gleich, nämlich beispielsweise (die 500 verkürzt auf nur wenige Basen):

TATCTGACG
TACCTGGCG

Wir finden zwei Unterschiede, die beide in derselben oder je einer in beiden Linien aufgetreten sein können. Eine gemeinsame Ahnfrau müsste dann Mitochondrien des Typs TATCTGACG oder TACCTGACG oder TATCTGGCG oder TACCTGGCG gehabt haben.

Da wir zwei Linien mit einer Gesamtlänge von 2 mal dem Alter der Ahnfrau betrachten und eine Mutation im Mittel alle 20 Tausend Jahre pro Linie passiert sowie zwei Mutationen in den beiden betrachteten Linien aufgetreten sind, muss die gemeinsame Ahnfrau auch vor etwa vor 20 Tausend Jahren gelebt haben. Bei drei Unterschieden wären die beiden Abstammungslinien zusammen 3 × 20 Tausend = 60 Tausend Jahre lang. Dann hätte die Ahnfrau also vor 30 Tausend Jahren gelebt. Da wir Verwandtschaft immer in Stammbäumen, aber nie in nur mütterlichen Linien betrachten, sei betont, dass dieses Ergebnis keineswegs ausschließt, dass die Väter der beiden Personen Brüder waren.

Die letzte gemeinsame Ahnfrau zwischen Schimpansen und uns lebte nach dieser Berechnungsweise vor 5 bis 6 Millionen Jahren. Wir stammen wohl nicht von Affen ab, aber wir haben eine gemeinsame Uroma, deren Sippe man zwar nicht im Zoo finden kann, aber sicher den Affen zurechnen würde.

Diese Altersbestimmung der Schimpanse-Mensch-Trennung verdanken wir dem 1991 verstorbenen Allan Wilson, der in den 80er Jahren auch die Erkenntnisse zu unserer Urahne, der „mitochondrialen Eva“ publizierte. Durch Sequenzierung vieler Kontrollabschnitte kann man aus deren Ähnlichkeiten in einer Population die Verzweigungsbäume der weiblichen Generationenfolge herleiten.

So konnte Wilson aus der Anzahl der Abweichungen unter Menschen aus verschiedenen Erdteilen die „Urmutter Eva" zeitlich einordnen. Sie lebte vor ca. 200 Tausend Jahren in Afrika. Um Missverständnisse zu vermeiden, sei noch einmal betont, dass wir von der „mitochondrialen" Eva sprechen, dass sie neben vielen anderen Frauen lebte und dass es natürlich schon zuvor Menschen der Art Homo sapiens gab. Jedoch führen die mütterlichen Linien von allen heute lebenden Menschen zu dieser einen Eva. Sie war nicht die erste und eben auch nicht die einzige damals lebende Frau, aber die Linien, die von allen anderen Frauen ausgingen, haben jetzt keine lebenden Nachkommen mehr. Das klingt im ersten Moment recht unwahrscheinlich, doch muss man bedenken, dass eine weibliche Ahnenkette ja auch abbricht, wenn in einer Generation nur Söhne geboren werden.

Mitochondrien helfen auch, den geographischen Bereich zu bestimmen, aus dem unsere Eva stammt. Dazu kommt es nicht auf die Gegend mit der größten Häufung von Evas Kontrollabschnitt an. Diese würde nur anzeigen, dass Evas Nachkommen sich dort besonders intensiv vermehrt haben. Der Ursprungsort lässt sein Alter vielmehr an der großen Anzahl von Varianten des Kontrollabschnitts erkennen, denn diese werden umso zahlreicher, je länger Evas Nachkommen in dieser Gegend gelebt und Mutanten hervorgebracht haben.

Die Aussage, die Vielfalt des Menschen betrage nur ein Viertel der von Schimpansen, bedeutet, dass man unter allen geprüften Schimpansen viermal mehr Gruppen und Unterschiede findet als in der Verschiedenheit der Kontrollabschnitte unter Menschen. Das wiederum heißt, dass die

Urmutter aller Schimpansen vor weit längerer Zeit gelebt hat als die menschliche Urmutter Eva.

Auch die großen Wanderbewegungen der Menschheit lassen sich anhand der geographischen Mitochondrien-Verteilung heutiger Populationen verfolgen. Darüber hinaus kann man damit selbst Größen von Auswanderergruppen grob abschätzen.

Der Oxforder Genetik-Professor Brian Sykes fand unter den Kontrollabschnitten von 6000 Europäern sieben große Verzweigungsgruppen (Clans), die zu je einer mitochondrialen Urmutter führen. Er taufte sie Xenia, Ursula, Helena, Velda, Tara, Katrin und Jasmin. Ihre sieben Linien liefen weiter bei einer europäischen Ahnfrau zusammen, die er Lara nannte und zeitlich ungefähr einordnete. Teile ihres Clans, der in Afrika lebte, hatten sich einst auf Umwegen auf die übrige Welt ausgebreitet. Insgesamt wurden neben den sieben europäischen noch ca. 20 weitere Lara-Clans außerhalb Afrikas gefunden. In Afrika selbst gibt es neben dem Lara-Clan wohl noch mindestens 13 andere.

Die Abbildung (nach Daten von Brian Sykes) zeigt die Verzweigungen des mitochondrialen (!) Stammbaums aller Europäer – nicht dessen geographische Verteilung, die komplex verschachtelt ist und so auf vielerlei Wanderungen hinweist. Insgesamt läuft die Zeit (nicht maßstabsgerecht) von oben nach unten. Die Länge der Verbindungslinien ist also weder ein korrektes Maß für Zeit noch für die Anzahl der trennenden Mutationen, da diese wesentlich von der Anzahl der parallel laufenden Linien abhängt. Jeder Verzweigungspunkt kennzeichnet eine Mutation auf einer dieser parallelen Linien. Je größer die Kreise, desto mehr Individuen dieses Typs haben existiert.

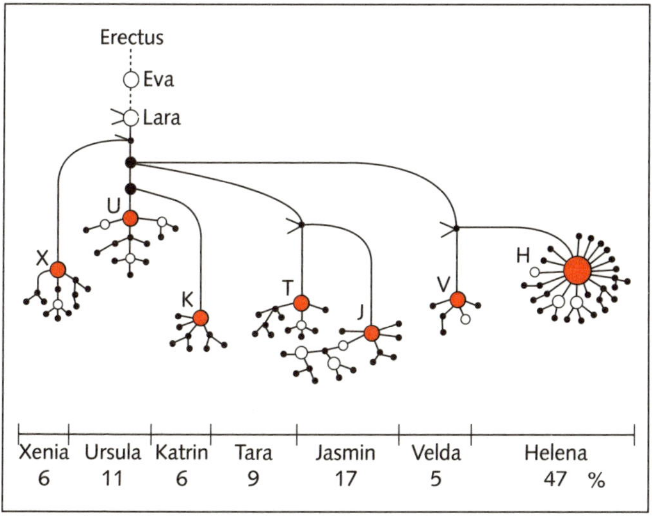

Die Frage der afrikanischen Auswanderung bedarf noch einiger ergänzender Bemerkungen. Man muss wohl annehmen, dass zahlreiche Wanderungen kleinerer und größerer Gruppen aus Afrika im Laufe vieler Jahrtausende stattfanden. Wann und wie viele auch immer: Es muss – von wenigen möglichen Ausnahmen, die sich dazwischengemogelt haben, abgesehen – im Wesentlichen eine einzige, recht kleine, etwa zeitgleiche Auswanderergruppe gewesen sein, von der die gesamte nicht-afrikanische Weltbevölkerung abstammt.

Die Begründung dieser auf den ersten Blick verblüffenden Behauptung liefert die große Ähnlichkeit der Mitochondrien aller heutigen Menschen. 60 Tausend Jahre zurück konnte es unter ihren Vorfahren daher nur einen Mitochondrien-Typ gegeben haben, der sich bis heute mit nur wenigen seiner Mutationen erhalten hat. Hätten mehrere über viele Jahrtausende verteilte Migrationen zur jetzigen Menschheit beigetragen, hätten sich in diesem Zeitintervall Mutationen im Kontrollabschnitt angesammelt. Gleiches gilt für die Frage der Gruppengröße. Selbst wenn die Großmütter von 25 Tausend Wanderern noch gleiche Kontrollabschnitte gehabt hätten, sollte die eine oder andere Mutation bei ihren Enkelkindern aufgetreten sein. Da alle Linien heutiger Nicht-Afrikaner 60 Tausend Jahre zurück auf den gleichen Kontrollabschnitt des Lara-Clans führen, können unsere Urmütter nicht sehr viele gewesen sein und auch nicht zu sehr unterschiedlichen Zeiten Afrika verlassen haben. Trotz der möglichen Vielzahl aller Wanderungen waren es also wohl ausschließlich die Menschen nur einer Wandergruppe aus Laras Clan, die sich am Ende in Europa und der übrigen nicht-afrikanischen Welt durchsetzten.

Da niemand genau weiß, wie viele der einst sicher aufgetretenen Mutanten-Linien im Laufe der Generationen ausgestorben wären, bleibt jede Angabe zur Gruppengröße ungenau und ließe sich höchstens unter diversen, teils gut fundierten, teils sehr unsicheren Annahmen durch längere Mathematik als Wahrscheinlichkeitsverteilungen präzisieren. Wir wären dadurch aber nicht viel klüger.

Wir haben so viel von Eva geredet. Was ist mit Adam? Da helfen zwar keine Mitochondrien, die ja nur über die mütterliche Linie Auskunft geben – aber auch Männer haben ihre Markierung. Nur Männer haben ein Y-Chromosom, das ähnlich wie bei Mitochondrien stets unverändert nur in väterlicher Linie von Vater auf Sohn vererbt wird. Auch dort kann man Mutationen zählen und so das Alter des Urvaters Adam bestimmen. Es liegt mindestens 140 Tausend Jahre zurück. Wieder gilt, wie bei Eva: Auch Adam hatte natürlich einen Vater und der ebenso, aber Adams männliche Vorfahren haben unter heute lebenden Menschen keine Nachkommen, außer in Adams eigener Linie. Sie hatten vielleicht Töchter, aber irgendwo in ihrer Linie keine Söhne.

10 Wo hat er nur seinen Dickkopf her, der Mensch?

Selektion und Menschwerdung

„Unsere Köpfe sind rund, damit die Gedanken ihre Richtung ändern können.“

(Francis Picabia)

Wir waren in der Betrachtung der Evolution bis zur Gruppenbildung (in Kap. 8) und damit schon fast bis zur Menschwerdung gekommen. Diese läuft, verglichen mit anderen Prozessen, in überraschender Schnelligkeit ab. So vergrößert sich – wie Fossilien zeigen – das Gehirnvolumen des Vormenschen binnen zwei Millionen Jahren auf das Dreifache. In der Evolution ist das schnell. Zum Vergleich: 60 Millionen Jahre brauchte das Paradebeispiel der Entwicklung, nämlich Größe und Huf des Pferdes, das schon am 22. September 1876 von Thomas H. Huxley in seinem zweiten New Yorker Vortrag präsentiert wurde.

Hundegroßes Urpferdchen aus der Grube Messel (bei Darmstadt), ca. 50 Millionen Jahre alt

Da solche Prozesse durch Selektion erfolgen, ist dies ein guter Zeitpunkt, um Grundsätzliches zur Selektion einzuschieben:

> Selektion ist die Aussortierung von Individuen, deren Eigenschaften ihnen selbst und der Nachkommenschaft schlechtere Lebenschancen geben (negative Selektion), bzw. die Bevorzugung solcher, die eine überdurchschnittlich hohe Überlebensaussicht bieten (positive Selektion).

Selektion kann in verschiedenen Stadien einer Generation stattfinden. Man unterscheidet vier fundamentale Selektionsarten:

- Die erste betrifft Individuen in ihrer embryonalen Entwicklung. Mutationen – schon kleine, aber auch große wie so genannte Deletionen, Inversionen, Translokationen etc. – führen meist zu Störungen der Embryonalentwicklung. Beim Menschen sind mehr als die Hälfte aller Befruchtungen durch solche Störungen belastet: Versagen der Nidation (Einnistung) des Embryos in die Gebärmutter oder spontaner Frühabort während der Schwangerschaft sind die Folgen. In unglücklichen Fällen kommt es zu einer Totgeburt oder zu einem genetisch belasteten Säugling. – Bei dieser vorgeburtlichen Selektion wird geprüft, ob die volle Harmonie im normalen Ablauf einer embryonalen Entwicklung gewährleistet ist. Die Wirkung der Selektion ist unmittelbar und eliminiert die meisten Defekte sofort und vollständig.
- Nach der Geburt greift im Laufe des Daseins die zweite, ebenfalls „negative" Selektion am Individuum selbst an und sorgt damit (wie schon die vorgeburtliche Selektion) für eine Aussortierung weniger geeigneter Erbanlagen in der Population. Hierbei entscheidet die Umwelt in Gestalt von Rivalen der eigenen Art, von beutesuchenden

Feinden, in Form von Nahrungsangebot und Krankheiten, von klimatischen oder anderen Bedingungen, welche der Individuen keine oder nur reduzierte Fortpflanzungsaussichten haben. Auch das dient im Wesentlichen der Erhaltung des Status quo.

Änderungen der Umwelt ändern die Auswahlkriterien und führen zu einer Anpassung an die veränderten Bedingungen (positive Selektion). Dies geht zu Beginn nur langsam, da den wenigen positiven Mutanten mit erhöhter Lebensaussicht in der geänderten Umwelt zunächst eine große Zahl der bisherigen Population mit etwas geringerer Aussicht gegenübersteht.

- Die dritte Art nannte Darwin die „sexuelle“ Selektion. Sie verstärkt die positive Merkmalsausprägung gezielt und direkt, indem (im Tierreich meist von weiblicher Seite) der beste Aussichten versprechende Zeugungspartner ausgewählt wird. Das führt zu einer schnellen Durchsetzung des zumindest positiv Scheinenden und möglicherweise vollständig Neuen. Dieser Prozess ist vielfach schneller als die normale positive Selektion, die nur langsam die Anpassung einer Population erreicht. So muss zum Beispiel das Rad des Pfaus oder der herrliche Schwanz des Paradiesvogels seinem Weibchen positiv erscheinen, obwohl er für das Vogelleben sonst sicher eher hinderlich sein sollte. Aber nicht nur gesunde Stärke, sondern offenbar auch Schönheit überzeugt die Frauen. Nur mit ihrer Hilfe konnten sich mehr als 50 Arten von Paradiesvögeln in der Selektion durchsetzen. Man vermutet, die Weibchen können eine robuste Stärke erkennen, da das Männchen trotz seiner Behinderung lebensfähig ist. Aber warum ist dann das männliche Handicap stets ausgesprochen schön – auch in menschlichen Augen? Nur um bemerkt zu werden? Weniger ansprechende Lösungen wären doch auch aufgefallen. Aber gerade bei Vögeln findet man offenbar einen Sinn für Schönheit in vielen Arten.

- Die vierte Art der Selektion tritt erst später in der Evolution auf. Hier werden nicht Individuen, sondern ganze Gruppen aus genetisch verwandten Individuen selektiert. Dabei geht es meist nicht um radikale Entscheidungen, sondern nur um eine graduelle Bevorzugung oder Benachteiligung einer Gruppe. Daher ist diese Selektion nur mittelschnell erkennbar. Ihre entscheidende Bedeutung liegt in dem Fortschritt, auch **altruistisches** Verhalten in der Gruppe selektieren zu können.

Zurück zur Verdreifachung der Gehirngröße des Vormenschen. Deren Geschwindigkeit verlangte einen ungewöhnlichen Selektionsdruck, der – parallel zum Größenwachstum – sicher auch für einen schnellen Anstieg der Intelligenz sorgte. Worin bestand dieser Selektionsdruck, der etwa zwei Millionen Jahre lang die intelligenteren Individuen so bevorzugte?

Sagen Sie nicht, Intelligente hätten einfach immer bessere Überlebens-Chancen – und besonders bei den klugen Frauen. Das genügt nicht, denn dieses Argument hätte ja für alle anderen Affenarten ebenso gegolten. Auch eine Veränderung des Lebensraums konnte es nicht sein, denn sie hätte in gleicher Weise für alle anderen gegolten. Aber nur der Mensch verdreifachte das Gehirn, nicht der Pavian, nicht der Schimpanse. Was hat ihm den Vorteil verschafft? War er zufällig nur der Erste und hat dann seine Konkurrenten daran gehindert? Fast müsste man das annehmen. Sicher hat es eine Rolle gespielt.

Die extreme Bedeutung des Gehirnwachstums wurde schon 1864 von Alfred Russel Wallace erkannt, also bevor Darwin es überhaupt wagte, den Menschen in die Evolution einzubeziehen. Wallace erklärte, dass Selektion den „Wilden“ bloß mit einem Gehirn ausstatten könnte, das dem des Affen nur *ein wenig* überlegen wäre. Vielleicht weil er keine befriedigende Antwort auf die Frage nach einem besonderen Selektionsdruck fand, suchte Wallace in späterem Alter dafür Lösungen in nicht rein wissenschaftlichen Antworten.

Auch heute noch wird in vielen Artikeln und Büchern die Frage der Menschwerdung unzulänglich und vorsichtshalber nur flüchtig beantwortet. Man will ja nichts Falsches sagen. Meist werden lamarckistisch anmutende Bemerkungen benutzt, dass der erforderliche Gebrauch der Hand, eines Werkzeugs, des Gehirns selbst oder gar die erwachende Kultur zur Vergrößerung des Gehirns geführt hätte. Dabei hatte der Freiburger Zoologe August Weismann doch schon vor mehr als 100 Jahren endgültig derartige Erklärungen überzeugend widerlegt. Lamarckistische Deutungen wie häufiger Gebrauch von Organen oder gar der Wunsch nach einem besseren Gehirn sind grundsätzlich nicht ausreichend.

Wenden wir uns noch einmal den Affen zu. Wie bei den jagenden Schimpansen wird auch bei den frühen Menschen wohl der erfolgreiche Jäger – und damit wahrscheinlich auch der gesunde, intelligentere Mann –, weil von den Frauen bevorzugt, etwas mehr Nachkommen zeugen als der Durchschnittsmann. Solche sexuelle Selektion wirkt wie gesagt schnell und sollte der Intelligenz einen Vorteil verschaffen. Sie ist also ein guter Kandidat für unsere Suche. Ein erfolgreicher Jäger verspricht eine gute Ernährung der Familie. Liebe geht durch den Magen. Aber auch das gilt ja in gleicher Weise bei Schimpansen. So kann dies allein nicht der Grund sein.

Irgendeine Veränderung muss also in der Linie unserer Vorfahren passiert sein, die eine ganz spezielle, stetige Selektion möglich machte – vielleicht ein Druck, der sich selbst am Leben hielt. Worin bestand diese Veränderung?

Man muss wohl annehmen, dass eine Gruppe zufällig eine besondere Entdeckung machte oder durch eine Mutation eine wichtige Fähigkeit gewann. Plausibel wäre ein genetisch bedingter Sprung im Bereich der Kommunikation. Ein Gen für Sprachfähigkeit wurde vor kurzem entdeckt (s. Kap. 11). Derartiges böte der ganzen Gruppe Vorteile in vielerlei Hinsicht und könnte sich innerhalb der Gruppe auch schnell durchsetzen.

Möglicherweise war es aber gar keine Genetik – wir betrachten immerhin den Anfang der intellektuellen Entwicklung, da wäre doch auch eine Erfindung eine passende Lösung. Als Beispiele für eine derartige lokal begrenzte Gruppen-Erfindung bei Schimpansen können die in Kapitel 9 erwähnten Jagdspieße oder das Nüsseknacken angeführt werden, das keineswegs alle Schimpansen kennen. War es also vielleicht die Entdeckung einer neuen Waffe oder einer besseren Jagdstrategie? Vielleicht war es die Heldentat, das erste „Feuertier zu fangen“, in die Höhle zu nehmen und laufend zu füttern? Die Zähmung des Feuers konnte nur als Gruppe gelingen. Wenn es kein trockenes Holz zu fressen bekam, starb das Tier ja sehr schnell. Seine Pflege war eine gute Aufgabe für die Alten der Gruppe.

Ein gelungenes Kinderbuch schildert solches Geschehen:

Deckel des Buches „Das Feuertier" von G. Rottschalk. Berlin: Kinderbuchverlag 1976.

Der Besitz eines Feuertiers war extrem wertvoll. Es gab Wärme und besonderen Schutz für Kinder vor Raubtieren, die das Feuer abschreckte und die man gar durch Bewerfen mit glühenden Holzscheiten völlig verjagen konnte. Statt dieser Gefahr hatte man sich aber eine andere eingehandelt. Das Feuertier konnte leicht ausbrechen und war sehr bissig. Seine Bisswunden entzündeten sich leicht. Man musste lernen, mit ihm umzugehen.

Aber man konnte es mit auf die Jagd nehmen, um Beutetiere einzukreisen, und deren Fleisch später im Feuer schmackhaft zubereiten. Küche steht mit am Anfang von Kultur. Vielerlei anderer Nutzen des Feuers kam sicher erst viel später zur Geltung.

Was im Hintergrund auch immer die entscheidende Erfindung oder genetische Veränderung war – man muss vermuten, dass unsere Gruppe zunächst durch einen gesteigerten Jagderfolg anderen Gruppen überlegen wurde. Der Züricher Primatologe Robert Martin erachtet die Jagd und die dadurch ermöglichte vermehrte Fleischnahrung als eine Voraussetzung für die starke Vergrößerung des Gehirns. Umfangreiche Gehirntätigkeit verlangt eine hohe Energiezufuhr, die damals nur durch Jagd gedeckt werden konnte. Das große Gehirn konnte also nur bei Jägern wachsen. So hilft die Jagd, intelligentere Gehirne zu ernähren, während diese wiederum eine erfolgreichere Jagd garantieren. Hier finden wir also eine Rückkopplung, die dafür sorgt, dass eine einmal eingeschlagene Richtung sich weiter verstärkt. Es ist kaum vorstellbar, dass dieser Aspekt am Wachstum des Gehirns nicht zumindest beteiligt war – was auch immer den ersten Anstoß gab: Mutation oder Erfindung.

Darüber hinaus mag es speziell in Hungerzeiten bei solchen Jagden zu Streitigkeiten mit anderen fremden Gruppen um die Beute gekommen sein. Wäre es da nicht nahe liegend – wenn man ohnehin mit Jagdwaffen ausgerüstet war –, diese auch zur Verteidigung der Beute gegen die bösartige Konkurrenz einzusetzen?

Das bekannte Beispiel des Territorialkriegs der Schimpansen lässt sogar eine Eskalation bis zum Totschlag auch zwischen den Gruppen der Jäger nicht ausgeschlossen erscheinen. Dazu hätte allerdings die weit verbreitete und evolutionär so sinnvolle Tötungshemmung gegenüber Artgenossen auch beim Vormenschen überwunden werden nüssen. Der Vergleich mit Schimpansen macht das recht wahrscheinlich.

Bei diesen hat man vor kurzem im ostafrikanischen Uganda in einer Zeit der Übervölkerung mit Frauenüberschuss sogar Mütterbanden beobachtet, die – eigene Jungtiere unter dem Arm – fremde Jungtiere durch Kopfbisse töteten. Hungrige sind brutal. Auch der Vormensch hatte wohl andere Vormenschen als gefährliche Konkurrenten.

Bei solchem Streit unter den frühen Jägern hätte die intelligentere, besser organisierte Gruppe einen Selektionsvorteil. Es war eine Auseinandersetzung zwischen Gruppen, nicht zwischen Individuen. Diese Unterscheidung ist wichtig. Ausschlaggebend für das Überleben wäre nämlich nicht mehr die Überlegenheit des einzelnen Individuums, sondern die Gruppenbindung, die gegenseitige Hilfe, taktische Vorausschau, die Vorwegnahme gegnerischer Absichten, vor allem also eine Kommunikation vor, während und nach der Jagd bzw. des Gruppenstreits. All dies sind fraglos Fähigkeiten, die Erbgut für ausgeprägte Intelligenz erfordern. Klugheit bot, mehr als Kraft, den Selektionsvorteil der Gruppe.

Wir sind ausgegangen von der Notwendigkeit einer neuen Entdeckung, einer neuen Waffe oder Jagdtechnik, einer besseren Kommunikation, die einer Gruppe den Vorteil einer reicheren Ernährung gebracht hätte. Friedliche Vettern würden diesen erfolgreichen Jägergruppen lieber schnell aus dem Wege gehen.

Hier sollte man sich noch einmal die Zeiträume vor Augen führen, die Evolution benötigt. Selbst wenn gerade dieser Prozess des Gehirnwachstums in Zeitmaßstäben der Evolution so außerordentlich schnell war, läuft er doch über zwei Millionen Jahre, das heißt etwa über 100 bis 200 Tausend Generationen! Wir reden also keineswegs von einem permanenten Dauerstreit zwischen den Horden, sondern nur von gelegentlich möglichen, kurzen aggressiven Auseinandersetzungen in größeren Zeitabständen.

Manche Fachleute vermuten den Ursprung des Kriegs erst nach dem Beginn der Landwirtschaft, denn dann hätte man ja Besitz (Vieh und Getreide), um den es sich lohnte, Kriege zu führen. Sie übersehen dabei, dass nicht erst der Mensch, sondern schon Tiere einen lebensentscheidenden Besitz hatten, um den sie kämpften: ihr Territorium.

Territoriale Auseinandersetzungen zwischen Gruppen müssen einen Systemzwang erzeugen, dem sich eine friedliche Horde nur durch weite Flucht entziehen könnte. Wer nicht kämpft, verliert sein Territorium und damit meist seine Zukunftsaussicht. Man muss zur Selbstverteidigung bereit sein, also selbst zur Krieger-Gruppe werden.

(© TIME-LIFE BOOKS 1965, painting by Jay H. Matternes)

Rücksichtslosigkeit ist ansteckender als Rücksichtnahme. Es kann der Beste nicht in Frieden leben, wenn es dem bösen Nachbarn nicht gefällt. So haben wir wohl überlebt, weil unsere Vorfahren erfolgreiche Kämpfer waren, die sich nicht scheuten, wenn nötig, auch Totschläger zu werden.

So neu sollte uns das nicht sein:

Albrecht Dürer: „Da erhob sich Kain wider seinen Bruder Abel und schlug ihn tot" (1. Buch Mose 4,8)

Gruppenselektion ist das Verdrängen der weniger Qualifizierten, der weniger Kooperierenden, der noch weitgehend egoistisch Handelnden, denn die Überlebensaussicht einer Gruppe hängt wesentlich von der Festigkeit ihres Zusammenhalts ab, von ihrer Kooperations- und Hilfsbereitschaft.

Dabei sind der Verhaltenskodex, das Gesamtwissen der Horden, deren Traditionen, deren gesamte intellektuelle Information entscheidend. Die Überlebensaussicht wird weiter gesteigert durch eine moralische Haltung, bei der ein evolutionärer Imperativ gilt, das heißt bei der „gut" ist, was Harmonie schafft, was dem Zusammenhalt der Gruppe, was der höheren Ganzheit dient, und „böse", was früher auf der überwundenen Stufe richtig war, also den Eigeninteressen des Individuums nutzte.

Auch die Ursprünge religiöser Rituale, Magie und Zauberbeschwörungen, finden ihre Bedeutung in diesem Zusammenhang. Gemeinsame Riten festigen die Bindung und werden wie die Verständigung durch frühe Sprache zur Identifikation einer Zugehörigkeit. Beide Informationssysteme, Gene und Wissen, werden so untrennbar miteinander verwoben auf die Waage der Selektion gelegt.

Wenn wir das alles zusammenfassen, können wir die Frage „Was hat uns zu Dickköpfen gemacht?“ wohl so beantworten:

Es war im Wesentlichen die Gruppe, die durch eine Erfindung und/oder eventuell auch durch eine genetische Veränderung größere Jagderfolge erzielte und gegen konkurrierende Gruppen verteidigte. Jagderfolg und wachsendes Gehirn durch bessere Nahrung standen in einem Rückkopplungsverhältnis. Die intelligentesten Jäger errangen zudem die Gunst der Frauen und damit das Privileg häufiger Fortpflanzung. Sexuelle Selektion war wohl verstärkend wirksam.

Seit Malthus wissen wir, dass jede Population bis an die Grenze ihrer Ernährungsmöglichkeit wächst. Das gilt mit Sicherheit für die Horden des Frühmenschen. Aus vielerlei, meist klimatischen Gründen war deren Ernährungslage immer wieder großen Schwankungen ausgesetzt. In Notzeiten wirkt sich die Gruppenselektion in aller Schärfe aus. Gute Überlebensaussicht haben nur intelligente, kooperative Jagdgruppen. Nur sie können ihre Horde noch ernähren und Notzeiten durchstehen. Jede Krise verstärkt so den Selektionsvorteil der klügeren Jäger.

Aber noch ein Punkt gehört hierher. Bei fast allen Tierarten gibt es viele nahe Verwandte, die nebeneinander leben können. Warum haben die Verwandten des Menschen nicht überlebt, obwohl doch viele Arten mit weit geringerer Intelligenz heute noch existieren? Wo sind all unsere Vettern geblieben, das ganze Stammgebüsch der Rama-, Giganto-, Australopithecinen, die diversen Varianten des Vormenschen, deren fossile Schädel wir finden? Was war es, wenn nicht die Waffen einer gemeinsamen Jagd, die irgendwann auch gegen konkurrierende Verwandte eingesetzt wurden?

Gruppenselektion ist vermutlich die Antwort. Wir haben die anderen verdrängt – aus der Welt gedrängt.

Kampf gegen Gigantopithecus, dessen Zähne in chinesischen Apotheken durch G.H.R. von Königswald 1935 entdeckt wurden

Bei unseren frühen Vorfahren mussten alle, die nicht zur Jägergruppe gehörten, als feindliche Außenwelt betrachtet werden. Das galt auch für einzeln herumirrende Fremde. Möglicherweise waren sie ja von ihrer Gruppe verstoßen, weil sie sich dort nicht einfügten. Dann sollte man sie auch nicht zum Mitglied der eigenen Gruppe machen. Oder sie waren Überlebende einer untergegangenen Horde, die schwach oder krank war. Auch dann könnte ihre Aufnahme Gefahren bringen.

Auch ohne die Gründe zu kennen oder sich des Problems bewusst zu sein, wirkt eine intuitive Ablehnung in jedem Fall als Schutz für die Gruppe. Das gilt besonders bei Infektionskrankheiten. Das Verjagen von Fremden, Misstrauen und Aggression gegen unbekannte Artgenossen wurden so zum Selektionsvorteil. Die einzige, gelegentliche Ausnahme davon bilden sexuell interessante Individuen. Von diesen abgesehen, werden bei allen Menschenaffen (und anderen geschlossenen Gruppen) fremde Artgenossen angegriffen und vertrieben.

Wir Menschen haben diese in der Evolution nützliche und somit zu rechtfertigende Xenophobie, haben Angst und Misstrauen gegen Fremde von unseren Vorfahren geerbt. Wie tief unsere evolutionäre Vergangenheit noch heute in unseren Knochen (besser: Genen) sitzt, zeigt ein etwa 50 Jahre alter Test: Eugen Kogon und Heinz Hahn ließen sich in Hamburger Grundschulen von sechsjährigen Kindern eine Zeichnung erklären. Das Bild zeigte ein Gehege, in dem eine Gruppe von Zebras stand. In der einen Ecke war ein einsames Zebra, das im Gegensatz zu den anderen quergestreift war.

Fast alle Kinder erkannten sofort die Andersartigkeit des einzelnen Tiers. Die meisten verbanden damit, ohne zu zögern, charakterlich negative Eigenschaften. Wer anders ist, muss wohl auch lügen, muss frecher sein – kann jedenfalls kein Guter sein.

Der evolutionäre Hintergrund dieser intuitiven Ablehnung alles Fremden, die Wurzeln solcher Xenophobie, einer Mischung aus Feindschaft und Angst, sind unverkennbar. Wenn wir zulassen, dass Fanatiker überall bis in unsere Tage wieder und wieder Hass gegen Fremde predigen dürfen, hat die Menschheit nur wenig Hoffnung auf Änderung. „Jeder von uns ist ein Ausländer, fast überall auf der Welt", sagt ein kluges Plakat.

Wenn Sie der Kain-Charakter unserer Vorfahren bedrückt, dann bedenken Sie, dass durch Gruppenselektion auch Vertrauen, Treue, Opferbereitschaft, Ehrlichkeit, Solidarität und Harmonie in der Gruppe erzeugt wurde. All das, was wir als „human" bezeichnen, ist ausschließlich das Resultat der Gruppenselektion. So wurden Licht und Schatten des menschlichen Charakters von Genen und Erfahrungen geformt, in der Gruppenselektion gemeinsam geboren.

11 Oh Himmel – was offenbaren Läuse?!

Neandertaler und Sapientes

„Gott schläft im Stein,
atmet in der Pflanze,
träumt im Tier
und erwacht im Menschen.“

(Indischer Spruch)

Niemand weiß genau, woher und wann sie nach Europa kamen, aber die Fachwelt stimmt überein, dass die Neandertaler an recht dauerhaften Plätzen weit verbreitet vom Irak bis Spanien, von Südengland bis Israel lebten. Sie könnten Vettern oder Abkömmlinge eines schon viel früher – vielleicht in mehreren Wellen – nach Europa eingewanderten Homo erectus sein. Wir haben Reste von mehr als 300 Individuen, 24 bis 170 Tausend Jahre alt.

Das erste Skelett wurde 1856 von italienischen Arbeitern in einer Höhle im Neandertal bei Düsseldorf gefunden. Sein eigentlicher Entdecker aber war der Lehrer und Naturforscher Carl Fuhltrott, der den Fund als Reste eines Eiszeitmenschen erkannte und an dieser Deutung festhielt, obwohl Rudolf Virchow, damals die führende medizinische Kapazität, den Schädel nur für rachitisch deformiert hielt und einem aus der russischen Armee desertierten Kosaken zuschrieb. Wie auch immer, die Wissenschaft sah im Neandertaler lange einen grobschlächtigen dummen Tollpatsch, obwohl das Volumen seines Gehirns sogar ein wenig größer war als das unsrige.

Die gedrungenen Steinzeitjäger lebten in der Kälte und brauchten gerade für ihre großen Gehirne viel Fleisch als hauptsächliche Nahrung. Man weiß, dass sie Altenpflege kannten, wohl auch ihre Toten bestatteten, bescheidene Schmuckstücke herstellten und Birkenpech als Klebstoff für ihre Speerspitzen produzierten, also keineswegs Primitive ohne jede Kultur waren. Allerdings benutzten sie in großen Hungerzeiten auch ihresgleichen als Nahrung, wie an mehreren weit entfernten Orten nachgewiesen wurde. Sie waren Kannibalen – wenn es zum Überleben denn unbedingt notwendig war.

Rekonstruktion von Neandertalern
(Neandertal Museum Mettmann) (Anthropologisches Institut der Universität Zürich)

Deutliche Funde belegen, dass Neandertaler etwa 50 Tausend Jahre lang nebeneinander (nicht miteinander!) mit unseren Vorfahren, den Homines sapientes, an festen Wohnsitzen in Palästina gelebt haben. (Diesen Plural von Homo sapiens sollte man eigentlich immer benutzen, da sie ja das Wissen, nach dem sie benannt werden, nur als Gruppe erwerben konnten.)

Eine der beiden für uns zentralen Fragen solcher Begegnung ist die nach freiwilligen oder unfreiwilligen sexuellen Kontakten. Mit anderen Worten: Sind Neandertaler nur unsere ausgestorbenen Vettern oder sind sie auch unter unseren Vorfahren zu finden?

Diese früher oft vermutete Möglichkeit beginnt sich jetzt durch molekulargenetische Techniken zu klären. Jedenfalls gab es wohl nur wenige Prozent Vermischung. Für Skeptiker mag das im Hinblick auf das allgemeine Sexualverhalten des Menschen wenig überzeugend klingen, doch hat die Genetik auch hier ein gutes Argument (neben der geringen Zahl der Neandertaler) bereit:

Kreuzungen zwischen Pferden und Eseln sind in beiden Richtungen möglich, doch sind sämtliche Nachkommen nicht fertil, weil die Chromosomensätze bei der Meiose in Probleme geraten. Partielle Sterilität ist auch zwischen Neandertalern und Sapientes leicht vorstellbar, weil sie seit etwa 400 Tausend Jahren eine getrennte Evolution hinter sich hatten. Dieses Ergebnis der neuen Paläo-Genetik wurde durch Analyse der Neandertaler-DNA (aus in Kroatien gefundenen Knochen) und dem Vergleich mit der DNA des heutigen Menschen gewonnen. Bahnbrechend waren Untersuchungen von Svante Pääbo, dem Leiter des Leipziger Max-Planck-Instituts für evolutionäre Anthropologie.

In diesen Zusammenhang gehört auch ein vor einigen Jahren entdecktes Gen für Sprachfähigkeit. Es hat den Namen FOXP2 und muss sehr alt sein, da Pääbo das gleiche Gen bei Sapientes und in den fossilen Knochen von Neandertalern nachweisen konnte. Ihr letzter gemeinsamer Vorfahre lebte vor 300 bis 400 Tausend Jahren. Wenn sich dieser Befund erhärten lässt, müssen die Vorfahren der Neandertaler noch zu diesem Zeitpunkt in Afrika gelebt haben, da unsere Ahnen ihre „Wanderung aus Afrika“ erst vor weniger als 100 Tausend Jahren antraten.

Wegen dieser langen Trennung konnten Neandertaler und Sapientes sich sicher auch nicht sprachlich verständigen, obwohl man inzwischen auch einen fossilen Neandertaler-Kehlkopf gefunden hat, der die anatomischen Voraussetzungen zum Sprechen erfüllte. Dennoch wissen wir nicht, wie differenziert der Neandertaler sprechen konnte. Man wird vielleicht eines Tages etwas mehr darüber lernen.

Das so genannte Sprachgen FOXP2 wurde in einer Londoner Familie entdeckt, in der viele Personen mit gleichen Sprachschwierigkeiten auftraten. Es ist uralt, denn ganz ähnliche Varianten des Gens konnten bei anderen Säugetieren (Affen, Maus, Fledermaus), aber auch bei Vögeln (Zebrafinken) und anderen Wirbeltieren gefunden werden.

FOXP2 beeinflusst die entsprechenden Muskelbewegungen der Organe zur Erzeugung von Lauten (Vokalisation), beim Menschen wohl auch die Sprachlogik im Gehirn.

Hier muss jedoch einschränkend gesagt werden, dass das Gen – wie meist in der Genetik – mit Sicherheit an Sprache **beteiligt** ist, aber sehr wahrscheinlich zusammen mit einigen anderen. Wir wissen nicht, wann und in welchen Schritten Sprachfähigkeit entstand. Sie erforderte jedenfalls das günstige Zusammentreffen von zwei unterschiedlichen Entwicklungen: einerseits der Anatomie der Sprechorgane, andererseits der Sprachlogik (Begriffsbildung, Grammatik), die ja in Anfängen bei Menschenaffen zweifelsfrei beobachtet werden konnte. Derartige Situationen bieten Möglichkeiten für den Mechanismus von Episexualität.

Festzuhalten ist also: Neandertaler konnten wohl (etwas) sprechen und bilden nach neuesten Erkenntnissen einen nur sehr kleinen Anteil an unseren Ahnen.

Tim White, beteiligt an der Entdeckung von „Lucy“ und Ausgräber des Affenmenschen Ardipithecus ramidus („Ardi“), hat vor wenigen Jahren in Äthiopien nochmals drei Schädel gefunden, die wohl ganz nah an der Wurzel des heutigen Menschen einzuordnen sind. Das Alter dieser von ihm „Homo sapiens idaltu“ getauften Vorfahren wurde auf 160 Tausend Jahre bestimmt. (Idaltu bedeutet „Stammesältester“ in der Afar-Sprache.)

Auch in Südafrika fand man 125 Tausend Jahre alte Spuren des Homo sapiens. Doch erst vor 60 bis 100 Tausend Jahren machte sich eine kleine Gruppe von ihnen auf den Weg, die Welt zu erforschen. Was sie aus ihrer afrikanischen Heimat trieb, ist noch unklar. Wahrscheinlich war es eher Hunger oder eine Seuche als die pure Entdeckerlust charismatischer Anführer – in der Rolle eines Moses der Vorzeit. Der große Auszug ereignete sich jedenfalls nach einem gewaltigen Vulkanausbruch auf Sumatra, der Ursache für ein starkes Schrumpfen der Bevölkerungszahl war. Staubwolken verhüllten sicher jahrelang die Sonne und brachten auch in Afrika nachhaltig große Probleme für Pflanzen und Tiere.

Eine erste Auswanderungswelle des modernen Menschen aus Afrika war nicht sehr durchgreifend und wurde offenbar schon in Palästina (vom Neandertaler?) zurückgedrängt. Ein zweiter Versuch dann vor 50 bis 60 Tausend Jahren. Wieder war es wohl nur eine kleine, aber sensationelle Gruppe, die vielleicht über das Rote Meer ging und deren Nachkommen sich vorrangig entlang den Meeresküsten über Indien bis nach Ostasien und Australien ausbreiteten.

Der Abstand von Afrika nach Arabien war damals (bei viel niedrigerem Meeresspiegel) viel kleiner als zur Zeit Moses, der nach der Bibel (2. Buch Mose 14,21–22) ja das Volk Israel – lange nach der Sintflut – auf der Flucht aus Ägypten mitten durch das sich öffnende Rote Meer führte.

Von Afrika abgesehen, wo noch viele Volksstämme aus verschiedenen alten Abstammungslinien nebeneinander existieren, sind Menschen aller Rassen weltweit Nachkommen dieser sicher dunkelhäutigen Sapientes-Auswanderer. Ihr Weg führte schließlich auch vor 15 bis 35 Tausend Jahren über die Behringstraße nach Nord- und Südamerika.

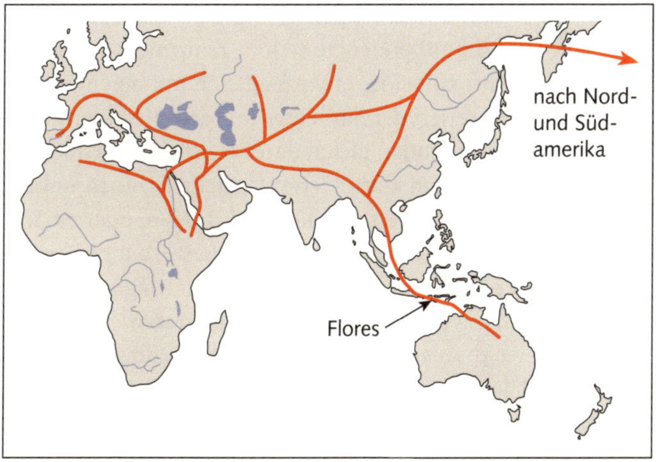

Wanderwege der Sapientes

Der durch mitochondriale DNA geführte Nachweis widerlegt die früher oft vertretene Hypothese einer mehrfachen, unabhängig auf verschiedenen Kontinenten erfolgten Entwicklung zum modernen Menschen.
Auch Sprachforscher können durch den Wandel von Lauten und Worten Entwicklungslinien und Wanderbewegungen erkennen. Auch sie beobachten, wie die Genetiker, die größte Mannigfaltigkeit der Sprachen in Afrika. Die restliche Welt spricht zwar sehr unterschiedliche Idiome, die jedoch sämtlich zur Familie der so genannten nostratischen Sprachen gehören. Als linguistischer Laie hätte man kaum erwartet, dass etwa ostasiatische und indogermanische Sprachen noch verwandt sind, sich jedoch von manchen afrikanischen Sprachen unterscheiden. Faszinierend aber, zu sehen, wie sich verschiedene Wissenschaften so wechselseitig bestätigen.

Doch zurück zu den Sapientes: Vor etwa 45 Tausend Jahren drangen Nachfahren der zweiten Auswanderungswelle über den Balkan schließlich erfolgreich auch nach Europa vor. Bald darauf ereignete sich in Zentraleuropa die so genannte Kulturexplosion, etwa zeitgleich mit einem erneuten Zusammentreffen der Sapientes mit den Neandertalern. Auf beiden Seiten fanden gleich danach offenbar große kulturelle Entwicklungen statt. Deren Ursache ist noch unklar. War es die Addition zweier Völkererfahrungen, oder ein aus dem Zusammenstoß erwachsender Wettbewerb ums Überleben? Einige Forscher meinen sogar, Veränderungen des Erbguts seien zufällig just in dieser Zeit aufgetreten.

Da die zweite Auswandererwelle der Sapientes erst 10 bis 20 Tausend Jahre zuvor über Indien bis nach Asien vorgedrungen war, wäre es auch plausibel, dass noch eine weiträumige Kontaktbrücke von dort bis zum Schwarzen Meer bestand. Auf diesem weiten Weg könnten Waren und technische Informationen geflossen sein, die sich zu einer plötzlichen Explosion der Kultur zusammengeballt hätten. Solange wir nur die genetische Spur der Wanderer haben, die von Äthiopien über Arabien nach Australien und später nach Europa führt, ist man notgedrungen auf Spekulationen angewiesen.

Als Signal der Kulturexplosion fanden Tübinger Forscher mitten in unserem Land, in Höhlen der Schwäbischen Alb, die bekannten Figürchen von Tieren und menschenartigen Wesen – schönste Steinzeitkunst unserer Vorfahren. Kultur, 35 bis 40 Tausend Jahre alt.

Zu den neueren Funden gehören eine Knochenflöte und zwei Figuren aus Mammut-Elfenbein, eine die älteste Darstellung eines Menschen weltweit:

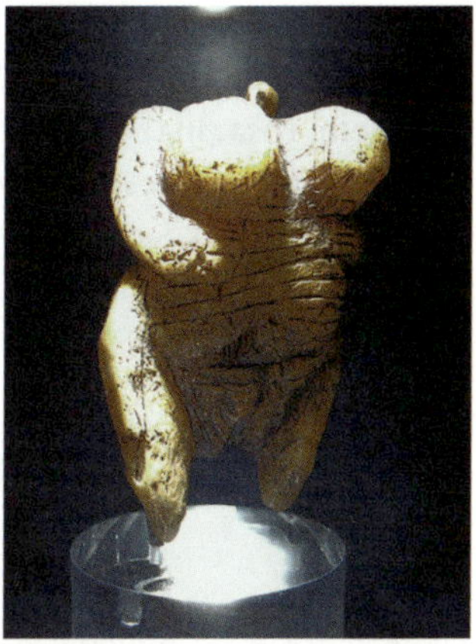

Mammut und Venus
(4 cm lang, 7,5 g schwer) (6 cm groß, 33 g schwer)

In Frankreich und Nordspanien wurden in etwa 200 Höhlen, vor allem in denen von Chauvet und Lascaux (Frankreich) und Altamira (Spanien), die bis zu 30 Tausend Jahre alten und weltweit bewunderten Höhlenmalereien entdeckt. Auch diese Bilder der damaligen Tierwelt sind Werke der Sapientes. Über die rituelle Funktion oder Bedeutung all dieser Schönheiten können Vorgeschichtler, Philosophen und Biologen nur spekulieren.

Die Fürstengräber von Sungir (27 Tausend Jahre alt) liegen 150 km östlich von Moskau. Sie stellen den Gipfel eines steinzeitlichen Reichtums dar und zeigen, wie weit und wie schnell sich die neu erworbene Kultur erstreckte. Die drei Toten waren festlich gekleidet und mit großen Mengen von Schmuck dekoriert. Die russischen Forscher meinen, dass allein die Herstellung der gefundenen 2936 Elfenbeinperlen 26 Tausend Arbeitsstunden erfordert hätte.

Es sollte hier erwähnt werden, dass auch in einer Höhle in Sambia (südliches Zentralafrika) eisenhaltige Farbpulver (rot, gelb, rosa, lila) als Zeichen aufdämmernder Kultur gefunden wurden. Diese stammten aus verschiedenen anderen Höhlen und wurden dort wohl zur Körperbemalung bearbeitet. Das Alter dieser Reste konnte auf 350 Tausend Jahre bestimmt werden.

Über den Zusammenstoß von Sapientes und Neandertalern ist nichts Sicheres bekannt. In dieser zweiten, uns so sehr interessierenden Frage glaubt die Mehrzahl der Fachleute zwar nicht an ein großes Gemetzel, hält aber auch ein friedliches Zusammenleben für sehr unwahrscheinlich. Verdrängung ist ein weiter Begriff. Er kann Totschlag ebenso umfassen wie die schrittweise Inbesitznahme der gut gelegenen Höhlen eines Tals oder eine erfolgreiche Jagd, die den Konkurrenten die nötige Nahrung vorenthält. Wie dem auch sei, unsere Vorfahren waren offenbar kriegstüchtiger, wohl schneller zu Fuß, besser bewaffnet, hinterlistiger und kooperativer – einfach überlegen, mit höherer „Fitness" – und haben wohl wesentlich zum Verschwinden unserer Vettern beigetragen.

Gelegentlich mag es richtige Fronten, also Trennungslinien, zwischen beiden Seiten gegeben haben, meist aber glich es wohl eher einem Flickenteppich, wenn man die Gebiete auf einer Karte einzeichnen würde. Insgesamt wurden die Neandertaler im Laufe von einigen Jahrtausenden schließlich bis nach Südspanien abgedrängt, wo ihre letzten Spuren etwa 24 Tausend Jahre alt sind. Nicht ganz so lange konnten sich verbliebene Reste der Neandertaler auch in Kroatien halten.

Das wirft die Frage auf, was aus den anderen Erectus-Zweigen geworden ist. Vor 1,8 Millionen Jahren hatten sie ja den Kaukasus und sogar Java erreicht, deutlich später dann China. Wurden auch diese Linien auf unbekannte Weise von den Sapientes verdrängt? Darüber weiß man nichts. Nur die Genetik – das sei wiederholt – zeigt mit Sicherheit, dass alle auf unserem Planeten außerhalb Afrikas seit Generationen lebenden Menschen Nachkommen von den Sapientes sind, die vor ca. 60 Tausend Jahren als kleine Gruppe Afrika verließen. Wir alle sind frühe Einwanderer aus Afrika.

Dass die Sapientes irgendwo sonst Kontakte mit ihren großen Vorläufern hatten, den Erectus-Nachkommen, vermuten wir nur in einem Fall: Auch wenn Details noch strittig diskutiert werden, ist bekannt, dass Nord- und Südamerika etwa vor 12 bis 35 Tausend Jahren in mindestens zwei Einwanderungswellen von Asien her über die Behringstraße und Alaska besiedelt wurden. Irgendwelche dieser Einwanderer müssen zuvor wohl Nachkommen des Erectus begegnet sein, möglicherweise in Asien. Dabei haben sie einen untrüglichen Beweis dieser Begegnung als Andenken mitgenommen, nämlich Kopfläuse der Erectus-Gruppe.

Auch hier lieferte die Genetik den Beweis. Forscher der University of Utah haben weltweit Läuse (Pediculus humanus), die ausschließlich im Kopfhaar des Menschen leben, gesammelt und deren Mitochondrien untersucht. Sie fanden parallel zur Verbreitung des Homo sapiens überall die gleiche Läuselinie. Lediglich in Amerika trat zusätzlich eine zweite Variante auf.

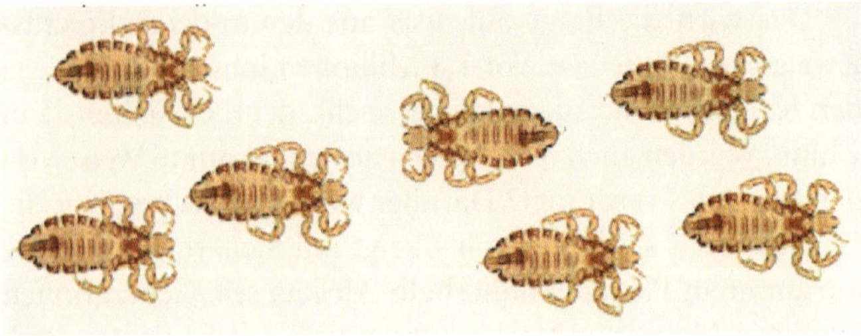

Die Trennung der beiden Läuselinien lag rund 1,5 Millionen Jahre zurück, also etwa in der Zeit, als der Homo erectus loszog, um die Welt zu erobern, aber die damaligen Vorfahren der Sapientes noch in Afrika zurückließ.

Wie kamen sie so spät an die Läuse? Nach der wohl besten möglichen Erklärung haben die Sapientes auf ihrer Wanderung durch Asien nach Amerika die Läuse irgendwie irgendwo von damals noch lebenden Erectus-Nachkommen aufgesammelt – möglicherweise erst in Alaska, meint mein Freund Daniel Harnasch. Vielleicht haben sie ihnen Felle gestohlen, vielleicht Sex gehabt oder Schlimmeres – vielleicht. Die Erectus-Vormenschen haben aber in Asien weder Mitglieder ihrer Gruppe noch Läuse zurückgelassen. Jedenfalls wurden davon noch keine Spuren entdeckt. Man wird sicher dort noch intensiver nach Mitochondrien von Mensch und Laus suchen. Die Genetik entwickelt sich mehr und mehr auch zu einem Zweig einer historischen Kriminalistik.

Die US-Forscher haben sich auf der Suche nach weiteren Beweisen dem Phthirus pubis zugewandt, der Filzlaus der Schamhaare, die nur bei Sexualkontakt übertragen wird. Kann sie es an den Tag bringen?

Die Läuse haben wir mitgenommen, ihre Träger geliebt. Oder weltweit umgebracht? Verdrängt? Das letzte Wort ist noch nicht gesprochen.

12 Landwirtschaft seit 23 Millionen Jahren?

Probleme am Ende der biologischen Evolution

„Human sein aber heißt (...), dass wir wissen, woher wir kommen, dass wir ahnen, wohin wir gehen, und dass wir dementsprechend versuchen, uns einzupassen in dieses allgemeine Geschehen der Natur."

(Georg Friedrich Nicolai)

Es war Jungsteinzeit, etwa vor 9 bis 12 Tausend Jahren. Es herrschte wieder Ruhe in Europa. Neandertaler waren verschwunden, die Jäger und Sammler der Sapientes lebten meist weit entfernt von einer neuen Entwicklung, die in wenigen Tausend Jahren in verschiedenen Teilen der Welt fast gleichzeitig stattfand.

Es ging um Getreide, um Hirse, Bohnen, Kartoffeln, Weizen, Reis und Mais. Es ging um Ziegen, Schafe, Rinder, bald auch um Pferde und Lamas. Der Mensch lernte, seine Nahrung auf neue Weise zu sichern – er erfand die Landwirtschaft, und das offenbar mehrmals unabhängig auf verschiedenen Kontinenten.

Auch diese Erfindung folgte einem Systemzwang. Ich bin dessen sicher, weil es im Nahen und Fernen Osten sowie in den Amerikas fast gleichzeitig mit unterschiedlichen Pflanzen und Tieren geschah, aber auch, weil nicht nur der Mensch, sondern ebenso die staatenbildenden Ameisen diese Entdeckung machten.

Blattschneider-Ameisen leben von Pilzkulturen, die sie auf den gesammelten und dann zu Brei gekauten Blattstücken züchten. Wenn ihre jungen Königinnen zum Hochzeitsflug starten, nehmen sie ein Stück Pilzkultur als Mitgift mit. Deren molekulargenetische Untersuchung zeigte, dass die Blattschneider seit 23 Millionen Jahren die gleiche „Saat“ weitervererben. Ihre Landwirtschaft ist also ungeheuer viel älter als die menschliche.

Wie man oft in unseren Gärten sehen kann, ist selbst Viehhaltung bei manchen Ameisen üblich. Sie bringen Blattläuse zu jungen, saftigen Zweigen, wo sie von ihnen gehütet und gemolken werden. Durch eine Markierung hat man beobachtet, dass immer dieselbe „Hirten“-Ameise zwei Wochen lang eine Viehherde betreute.

Landwirtschaft auch im Tierreich – ein Systemzwang
(Zeichnung: Ernest Griset)

Bis dahin brauchte ein Mensch vier bis acht Quadratkilometer für seine Nahrung. Mit Beginn der Landwirtschaft konnte sich von dieser Fläche eine ganze Gruppe ernähren und gewann noch Muße zum Denken und Spielen. Aber damit nicht genug. Der entscheidende Schritt fand statt, als der Bauer zum **Züchter** wurde. **Er** wählte das beste Korn zur Wiederaussaat, **er** entschied, welcher Bock Vater der nächsten Zicklein werden sollte. **Er** betrieb Selektion. Es war nicht mehr die Selektion der Natur. Es war gezielte Selektion nach seinen Wünschen. Der Mensch stand damit im Begriff, die Welt der Biologie zu verlassen – er ging über die Schwelle in die Welt der intellektuellen Information, in die Welt der Sprache, der Noosphäre.

An diese Stelle gehört ein Zitat von Wallace, das er in unglaublicher Zukunftssicht 1870, also ein Jahr vor Darwins „Abstammung des Menschen" schrieb:

> *„Der Mensch ist nicht nur selbst der ‚natürlichen Zuchtwahl' entgangen, sondern er ist in der That im Stande, der Natur etwas von jener Kraft zu nehmen, welche sie vor seinem Erscheinen universell ausübte. Wir können die Zeit anticipiren, zu welcher die Erde nur kultivirte Pflanzen und domesticirte Thiere beherbergt, wenn die Zuchtwahl des Menschen die ‚natürliche Zuchtwahl' ersetzt haben und der Ocean die einzige Domäne sein wird, in welcher jene Macht ausgeübt werden kann, welche seit zahllosen Cyclen von Zeiten allein über die ganze Erde hin herrschte."*
>
> (Wallace 1870, S. 373)

Es war eine gute Zeit: Es gab Nahrung, das Klima wurde milder. Das Eis zog sich zurück. Durch Landwirtschaft war das Leben leichter geworden. Niemand ahnte, welche Katastrophe sich da allmählich aufbaute. Das Eis begann zu schmelzen, erst langsam, dann schneller. Das Meer stieg, immer ein bisschen mehr – höher und höher. Dann begannen die Überflutungen – ich kenne die Reihenfolge nicht.

Durch die Straße von Hormus füllte sich der Persische Golf, das Mittelmeer drängte bis nach Venedig und Triest, England und Irland wurden vom Kontinent getrennt, vom Malaysischen Archipel verblieben nur die großen und kleinen Inseln im steigenden Meer, die eisfrei gewordene Ostsee füllte sich … Und dann

– vor rund 7600 Jahren –

brach der Damm am Bosporus.

Wassermassen stürzten 120 Meter in die Tiefe des Schwarzen Meeres, das bis dahin ein riesiger Süßwassersee gewesen war. Ununterbrochenes Getöse erfüllte die Welt, die in den brüllenden Fluten verschwand. Unzählige Menschen ertranken. Das babylonische Gilgamesch-Epos und die Bibel berichten von dieser Sintflut.

Überlebende flohen nach Süden in die hohen Berge Richtung Ararat, flüchteten nach Norden wochenlang rastlos immer weiter auf dem flach ansteigenden Gelände, flüchteten vor dem Wasser, das ihnen Tag für Tag folgte, jeden Tag 400 Meter.

Sie waren gerade Bauern geworden, hatten in Dörfern gelebt und jetzt mit Not nur die wichtigste Habe gerettet, etwas Saatgut und ein paar Tiere. Sie konnten sich nicht einfach niederlassen am neuen Rand des nun salzigen Meeres, denn in all ihren Gedanken verfolgte sie die Flut. Wann würde sie weitersteigen?

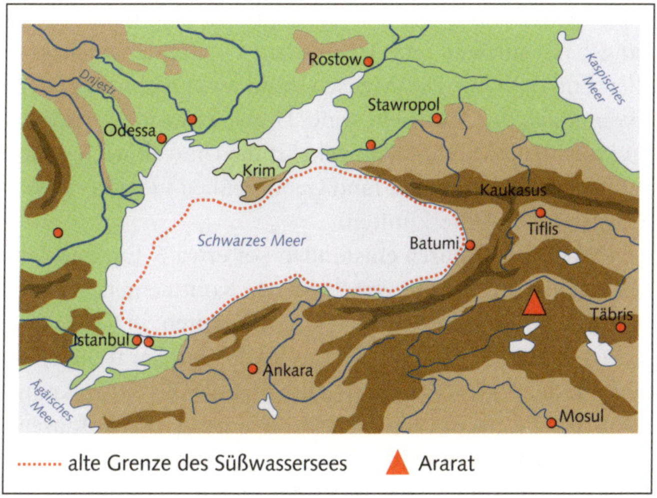

Und so zogen sie los, den Djestr und die Weichsel hinauf. Mit ihnen zog das Wissen um Landwirtschaft, ihre Technik, Langhäuser zu bauen, und der Stil ihrer Töpferei. Frühgeschichtler hatten schon lange einen weiten Marsch vom Schwarzen Meer im großen Bogen bis ins Pariser Becken erkannt.

Was dort wanderte, waren Ideen, war das Wissen um Landwirtschaft, die Grundlage zur Entfaltung von Muße und Kultur, das Wissen für eine Welt der Zukunft.

Da sich heute aber die Genetik in alles einmischt, konnte Bryan Sykes, der englische Experte der Mitochondrien-Analyse, ermitteln, dass sich nur etwa 20% unserer europäischen Bevölkerung aus dem Schwarzmeerraum herleiten. 80% unserer Gene sind die der Jäger und Sammler, die vor 30 Tausend Jahren die Neandertaler vertrieben, aber dann selbst sesshaft wurden.

Landwirtschaft war das Sprungbrett, eine sichere Ausgangsbasis für eine jetzt freigesetzte Potenz der intellektuellen Entwicklung. Der Mensch stand nicht mehr unter dem Zwang, sich den Wechseln seiner Umwelt anzupassen. Mehr und mehr gelang es ihm, umgekehrt die Umwelt nach seinen Wünschen zu formen. Er fand Geborgenheit in immer besser ausgestalteten Unterkünften.

Erste Stadtkulturen entstanden vor etwa 6 Tausend Jahren fast gleichzeitig auf verschiedenen Kontinenten, seit langem bekannt in Mesopotamien und Ägypten, in China und Indien – aber auch die „Heilige Stadt von Caral-Supe“ in Südamerika, erst 1994 durch Ruth Shady Solis entdeckt und 2009 zum Weltkulturerbe erklärt. Caral ist fast 5 Tausend Jahre alt, stammt aus einer Zeit vor der Erfindung der Töpferei und liegt 200 km nördlich von Lima, der Hauptstadt Perus. Sie liegt 450 m hoch und 28 km von der Küste entfernt in der Wüste. Caral war offenbar eine reiche, aber friedliche Handelsmetropole zwischen Meer und Urwald.

Man findet dort mehrere monumentale Pyramiden, kreisförmige Plätze, wohl für sakrale Handlungen, luxuriöse und bescheidene Wohnbereiche, aber zur allgemeinen Verwunderung weder Befestigungsanlagen noch irgendwelche Waffen. Auch Friedhöfe wurden noch nicht entdeckt.

Besonders rätselhaft für mich ist die Tatsache, dass nach vielen Tausend Jahren einer weltweiten Zeit von Sammlern und Jägern fast gleichzeitig diese Stadtentwicklung in verschiedenen Erdteilen einsetzt. Es wird nicht verständlicher, wenn man sagt, das liege an der verbreiteten Entdeckung der Landwirtschaft, die dafür die Voraussetzung sei. Wieso ist diese so gleichzeitig? Sind etwa oft geäußerte Vermutungen, es hätte uns bisher noch unbekannte Kontakte zwischen den verschiedenen Erdteilen gegeben, doch nicht völlig absurd?

Was auch immer der Grund sein mag: In allen Kulturzentren wurden Werkzeugmacher zu Handwerkern, Handwerker zu Ingenieuren und Baumeistern.

Handwerk in Ägypten: Grab des Rechmire (XVIII. Dynastie)

Aber weit mehr: Das Wissen der Vergangenheit wurde durch Sprache weitergegeben, übersprang durch Dolmetscher Sprachgrenzen. Doch es blieb stets nur in Gehirnen aufbewahrt, der Unschärfe und dem Verfall durch Vergesslichkeit preisgegeben. Dann erfand der Mensch die **Schrift**.

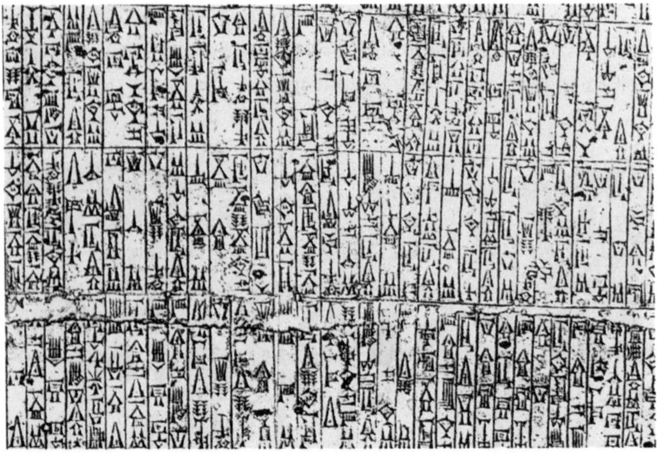

Stele mit Gesetzen des Hammurabi 1800 v. Chr. (Ausschnitt)

Schrift war etwas Heiliges, wurde von Göttern gelehrt – vor 6 Tausend Jahren zuerst im Land Sumer. In babylonisch-assyrischer Keilschrift konnten Gesetze, in Stein gemeißelt, für alle Zeit konserviert werden. Durch den glücklichen Fund der in eine steile Felswand in drei Sprachen gehauenen so genannten Behistun-Inschrift des Königs Darius I. (durch H. C. Rawlinson unter Lebensgefahr 1844 kopiert) gelang die Entzifferung mehrerer Keilschriften.

Später wurden Hieroglyphen in Ägypten erfunden, wurden vereinfacht zu Lautschrift, rebusartig. Dann entstand eine Silben-, Konsonanten- und Buchstabenschrift.

Auch die ägyptischen Hieroglyphen konnten durch eine dreisprachige Inschrift auf dem „Rosetta-Stein“ entschlüsselt werden. Diese Stele wurde von einem Offizier Napoleons im Niltal gefunden und ist heute im Britischen Museum in London zu sehen.

Seit 1700 v. Chr. gibt es ein Alphabet – wohl das der Phönizier, die zumindest dessen Verbreiter, wenn nicht dessen Erfinder waren. Aber Schrift entstand unabhängig davon auch in China und bei den Maya. Ihr Erfinder dort war Itzamná, der zweithöchste Gott der Maya-Religion. Bücher waren den Maya heilig. Es gab viele Hunderte. Sie wurden auf Altären aufbewahrt, bis spanische Abenteurer und Mönche kamen, um dieses Teufelszeug des Aberglaubens im Namen des „wahren“ Gottes den Flammen zu übergeben. Sie waren sehr gründlich, ihr Denken war christlich gebunden. Eine Kultur wurde vernichtet – nur vier Codices blieben erhalten.

Stele in Copan

In jahrzehntelanger Arbeit konnten geniale Forscher jetzt aus diesen und den überall in Stein gehauenen Nachrichten die Schrift der Maya entschlüsseln und so diesem Kulturvolk seine Geschichte zurückgeben.

Auf der Grundlage von Schrift setzt überall eine rasend schnelle Entwicklung ein, der Buchdruck wird erfunden – in Korea und in Deutschland –, später folgen die Dampfmaschine und die Eisenbahn, Elektrizität, Turbinen, Telegraf, Telefon, Automobile und Flugzeuge sowie Radio, Fernsehen und Computer. Der Mensch betritt den Mond. Er erfindet das Internet, Datenbanken, E-Mail, Wikipedia, Google …

Information vermehrt und verbreitet sich, explodiert in nie geahntem Ausmaß. Ist das das Ende der Evolution? Sicherlich das Ende ihrer biologischen Phase, die wohl keine Neuerungen von Bedeutung mehr hervorbringen kann. Dazu ist sie viel zu langsam. Alles Wesentliche wird in Zukunft im Rahmen intellektueller Entwicklung ablaufen. Die Vernetzung aller Teile des Planeten durch Kommunikation und Wirtschaft wird fortschreiten – Globalisierung!

Begreifen Sie doch, was heute geschieht:
wir sind gerade dabei, die Steinzeit zu verlassen.
Teilhard de Chardin

Wir stehen an einer Zeitenwende. Alles verändert sich, überschlägt sich. Werte beginnen zu wanken, Menschheitsziele geraten ins Schwimmen, werden fragwürdig, zwielichtig, unsicher. Bisher Förderliches wird zur Gefahr für alle weitere Evolution. Bisher Gültiges verliert seine Geltung, auf so vielen Gebieten:

Waffentechnologie – früher wichtig zum Überleben der Nation – wird im Zeitalter multipler Atomköpfe zur Bedrohung für die gesamte Menschheit. Auch wenn die Welt jetzt weniger darüber redet – die Frage bleibt: Werden wir sie je wieder los, jemals wieder los, die Bomben?
Hier ist links oben ein kleiner roter Kreis.

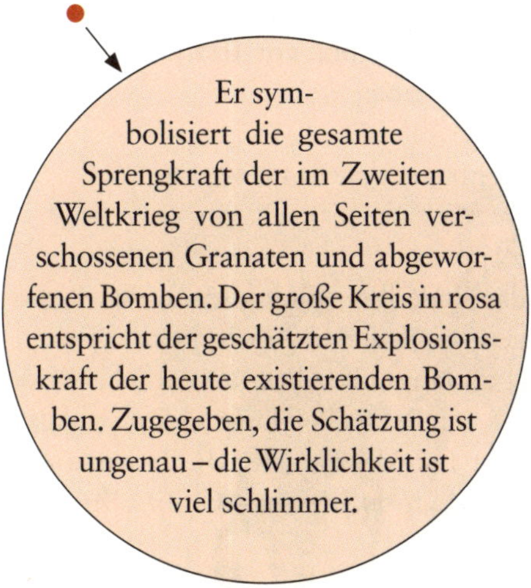

Militärfragen bilden wohl das deutlichste Beispiel heutiger Wertumkehr. Durch alle Geschichte der Menschheit – ja sogar schon unter Schimpansen – war es ein Selektionsvorteil, zu einer starken Bande zu gehören und wirkungsvolle Waffen zu besitzen. Das jedenfalls galt bis zu heutigen ABC-Waffen, die in Kombination mit unserem noch so biologischen Steinzeit-Denken ein Überleben der Menschheit in Frage stellen. Deutlicher kann Wertumkehr nicht werden.

Wachsende Bevölkerung, in der Vergangenheit begrüßt von Päpsten, Kaisern, Königen und Führern, ist auch heute der Wunsch der Politiker aller Staaten. (Es gibt nur eine lobenswerte, wenn auch etwas eingeschränkte Ausnahme: China.) Sichern doch viele Kinder schließlich die Altersrente, und damit kann die Rückzahlung der Schulden der nächsten Generation überlassen werden.

Auch die Kirchen halten fest am biblischen Auftrag. Jegliche Antikonzeption wird verboten, Abort zum Mord erklärt. Offenbar soll so die Stärke der Christenheit gesichert werden. Das diente schon vor 100 Jahren dem „Simplicissimus“ als Zielscheibe:

„Warum bringen Sie nicht all Ihre Kinder mit, Herr Pastor?“
„Ach, Frau Meister, die Leute würden denken, unsereiner tut gar nichts anderes.“

Wilhelm Schulz im Simplizissimus

In der Welt wächst die Zahl der Menschen.

Die Explosion der Bevölkerung ist unter Klimawandel, Terrorismus, atomarer Bedrohung, Artensterben, Energiekrise und anderen Bedrohungen aber das zentrale Problem, das die anderen nach sich zieht – auch den Hunger.

Die früher so absolut notwendige Fruchtbarkeit allen Lebens wird für den Menschen zu einem düster anrollenden

Erdbeben. Hunger breitet sich aus. Oder ist solche Angst übertrieben? Müssen wir nur die landwirtschaftlichen Kleinbetriebe stärken, wie die einen meinen, oder nur die ganze Potenz unserer Technologie einsetzen, wie uns andere beruhigen wollen? Wir sollten das Buch „Principle of Population" des Theologen Malthus ernst nehmen: Jede biologische Bevölkerung wächst immer bis an die Hungergrenze, sagt er. Da stehen wir schon, auch wenn es bisher weit mehr an Fragen des Geldes, an Fragen der Verteilung als an wirklicher Nahrungsknappheit liegt. Wanderwellen der Dritten Welt haben begonnen: Afrika strebt nach Europa. Reduzieren wir unsere Ansprüche? Teilen wir unseren Wohlstand? Oder werden wir, die Satten, irgendwann auf Hungrige schießen lassen? Werden wir das moralisch rechtfertigen? Als erlaubte Selbstverteidigung?

Wir erleben fundamentale Umwälzungen in vielen Bereichen unseres Daseins. Lassen Sie mich provozieren:

- Kunst ist nicht mehr Kunst – Kunst ist Geschäft.
- Sport ist nicht mehr Sport – Sport ist Geschäft. Fußball, Tour de France, Formel 1: alles Geschäft. Seit 1936, seit Hitlers Olympiade in Berlin wurde „das Fest der Jugend" zur Weltpolitik.
- Und unsere Wirtschaft? Brauchen wir das Gemüse aus dem hungernden Afrika, den Wein aus Kalifornien, das Känguru-Steak aus Australien? Wir brauchen es nicht, aber es ist Teil unserer Wirtschaft – es ist Globalisierung.

> *„Wie viele Dinge gibt es doch, die ich alle nicht brauche."*
>
> (Immanuel Kant)

Man bezahlt heute für das Recht, Giftmüll abzulagern oder Dreck in die Luft zu pusten. Das dient nur dem Schutz der Natur! Was dachten Sie? Von Bankenkrisen sollte man lieber gar nicht erst reden.

Die „Kosten-Explosion" des Gesundheitswesens und der Altenpflege ist **das** politische Dauerthema, besonders, da oft geglaubt wird, es handele sich um eine Explosion von Preisen. In Wahrheit ist es die Explosion des Fortschritts medizinischer Fähigkeiten, für die auf lange Sicht keine Grenzen abzusehen sind. Es ist dieser ständige Fortschritt, der die Anzahl der Alten und damit die der Hilfsbedürftigen, der Dementen ständig steigen lässt. Und was kommt noch auf uns zu?

Denken Sie nur an die Entwicklung künstlicher „Austauschorgane" oder an einen molekulargenetischen Aufschub des menschlichen Alterungsprozesses. Entsprechende Forschung an einem kleinen Fadenwurm (Caenorhabditis elegans) ist in vollem Gange. Vermehrung von Wissen ist immer erstrebenswert, aber was entwickelt sich da, volkswirtschaftlich, ethisch? Denken wir darüber rechtzeitig nach? Wertwende vielleicht auch in der Forschung?

Wollten wir in Zukunft allen Menschen jede lebensrettende, technisch nur mögliche Heilbehandlung zukommen lassen, so würde unser Land mehr und mehr ein einziges Riesenkrankenhaus, in dem fast alle Menschen ihr ganzes Leben zubringen – erst als Arzt, als Krankenschwester, Techniker, Bäcker oder Seelsorger, dann als Patient, vielleicht jahrelang an Schläuchen hängend. Wir müssen den Mut haben, den Dingen ins Auge zu sehen: Je leistungsfähiger unsere Medizin wird, desto mehr Menschen brauchen ärztliche Hilfe. Ist eine Menschheitszukunft ohne „Dignitate" – ohne „Exit" – vorstellbar? Wir müssen den Mut haben, irgendwann irgendwo irgendwie Grenzen zu setzen. Welche? Ich weiß es nicht.

Schatten fallen auf die Aufgabenstellung des Hippokrates. Alle Mediziner sehen das, aber sie reden nicht darüber. Soll man 80 Tausend € für eine Herztransplantation in unserem Land aufbringen, wenn Tetracyclin-Augensalbe für nur 5 € bereits ein Trachom-infiziertes Kind der Dritten Welt vor dem Erblinden bewahrt? Es gibt Hunderttausende von ihnen. Wem helfen wir?

In England hat man berechnet, dass ein Jahr Lebensverlängerung pro Mensch 43 Tausend € kostet. Sollen wir Lebenstage in Geld umrechnen? Gilt der gleiche Wert für alle? Wir stehen vor der ethischen Grundfrage Nr. 1: Wir müssen entscheiden, wie weit unser Egoismus reichen soll.

Das Medizin-Problem unserer Gesellschaft ist ein Teilaspekt einer Menschheitskrise, die ihrerseits die Kulmination des evolutionären Fundamentalprozesses einer Wertwende bildet. Nur die Sicht einer umfassenden Evolutionstheorie kann diese Situation in voller Tragweite verstehen – und ohne Verständnis gibt es niemals dauerhafte Lösungen.

Tritt solche Wertunsicherheit hier erstmalig in der Evolution auf, oder gab es früher schon Zeitenwenden, an denen bis dahin förderliche oder notwendige Werte zu einem Hindernis, gar zu tödlicher Gefahr wurden? Sehen wir uns um in der Evolution:

Während im Innern von Sternen für die Bildung der Atomkerne Temperaturen von vielen Millionen Grad unerlässlich waren, zerreißt solche Hitze jedes Molekül, jedes Atom sofort in seine Bestandteile. Sie müssen sich in kühlere Bereiche retten. Was zum Beginn und Fortschreiten der materiellen Evolution unabdingbar war, wird absolut tödlich für alle höheren Stufen der Komplexität.

Bald wird auch alles zur Vorbereitung des Lebens so Nötige zur Gefahr. Die Werkzeuge der Evolution sind nun zu grob – sie würden ihr eigenes Produkt zerstören: Strahlungen und Blitze, unerlässlich zur Bildung präbiologischer Moleküle, vernichten das gerade erwachte Leben. Leben ist etwas sehr Zartes. Complexa müssen Schutz suchen. Das früher für Evolution so Unentbehrliche wird jetzt zu tödlicher Bedrohung.

In der Welt der Einzeller ist ungehemmte Replikation der sichere Weg zur Fortexistenz. Doch wächst beim Schritt zum Vielzeller aus dieser frühen Überlebensnotwendigkeit eine todernste Gefahr. Im Verband des Mehrzellers wird hemmungslose Zweiteilung zur zerstörerischen Wucherung. Die Integration brachte eine dramatische Umkehr der Werte. Zellteilungen müssen zum Wohle des ganzen Organismus unter die Regulation eines genetischen Programms gebracht werden. Fällt eine Zelle zurück ins hemmungslos egoistische Verhalten ihrer einzelligen Vorfahren, wird sie zum **Krebs**.

So unerlässlich, unabdingbar in der Vergangenheit – das bisher Positive, zur Evolution unbedingt Nötige, schlägt um in Negatives. Zugleich zeigt sich, dass die Forderung evolutionärer Ethik, die Interessen der höheren Ganzheit über die des Einzelnen zu stellen, nicht nur für den Bereich menschlichen Verhaltens gilt.

Instinkte, genetisch fixierte Verhaltensprogramme, bestimmten, was zu tun sei – sagten, was fressbar, was giftig, was gefährlich war. Diese so nützliche Einrichtung der Instinkte war jedoch zu inflexibel und wurde hinderlich, wenn Umweltänderungen neue Anforderungen stellten. Das früher Förderliche wurde auch hier zum Hemmnis, wurde negativ und durch das anpassungsfähigere Lernen abgelöst.

Werden wir diese Fähigkeit nutzen? Zweifel scheinen berechtigt.

Offenbar entstehen Wertwenden an großen Stufen der Evolution.

Lieben Sie Fremdwörter? Dies passt hier:
Enantiotropie
= Umschlag ins Gegenteil

„Zeitzeichen": Affe – Mensch – Computer (© Hans-Georg Rauch)

13 … und geht Evolution weiter?

Das MONON

„Die Welt ist ein großes lebendiges Wesen.“

(Paracelsus)

Die biologische Evolution war immer wieder charakterisiert durch überraschende Durchbrüche auf komplexere Stufen mit neuen Fähigkeiten, aber auch durch Massensterben und das Verschwinden von Gattungen und Arten, wodurch Platz für andere entstand. Seit dem Auftreten des Menschen aber nimmt das Verlöschen biologischer Vielfalt dramatische Ausmaße an. Wir sind auf dem besten Wege, alle Lebewesen in ein nur den Interessen des Menschen dienendes System einzubinden. Weiterleben soll nur, was wir wollen. Lediglich bei der Ausrottung von Krankheitserregern und anderen Plagegeistern hat der Mensch noch keinen Erfolg. Allein die Pockenviren scheinen verschwunden. Was sagte Wallace? „*Wir können die Zeit antizipieren, zu welcher die Erde nur kultivierte Pflanzen und domestizierte Tiere beherbergt.*“ Evolution öffnet eine neue Phase.

Erwachsene und Kinder lieben ihren Computer. Ohne ihn sind wir Analphabeten des 3. Jahrtausends – verloren im World Wide Web des Internets. Alles Wissen ist dort zu finden, und es wird international enger und enger verwoben. Google weiß alles. Das Fernsehen bringt Nachrichten aus aller Welt in alle Welt. Alle erfahren gleichzeitig von olympischen Weltrekorden, Erdbeben und Staatsbesuchen von Preisträgern und Bombenattentaten. Meldungen rasen rings um den Globus. Stromkabel und Gasleitungen verbinden Länder, Kontinente. Luft- und Schifffahrtslinien umspannen den Planeten. Rohstoffe, Energie, Agrarprodukte, Spielzeug und Streubomben verteilen sich über die Welt. Banken und Versicherungen legen ein riesiges Spinnennetz um die Erde, bringen Wohlstand für manche und reißen alle in Krisen. Wechselseitige Abhängigkeiten – Integration ergreift alle Gebiete. Globalisierung!

Diese verknüpfenden Netze formen mehr und mehr ein alles verbindendes riesiges wirtschaftliches und intellektuelles Complexum – eine Ganzheit, in die alle technische Welt, alle Tiere und Pflanzen, alle Menschen, all ihr Wissen und Denken eingebunden sind – ein Einziges, ein allumfassendes

MONON

(gr. das Einzige; sprich Monnonn [2 kurze o]).

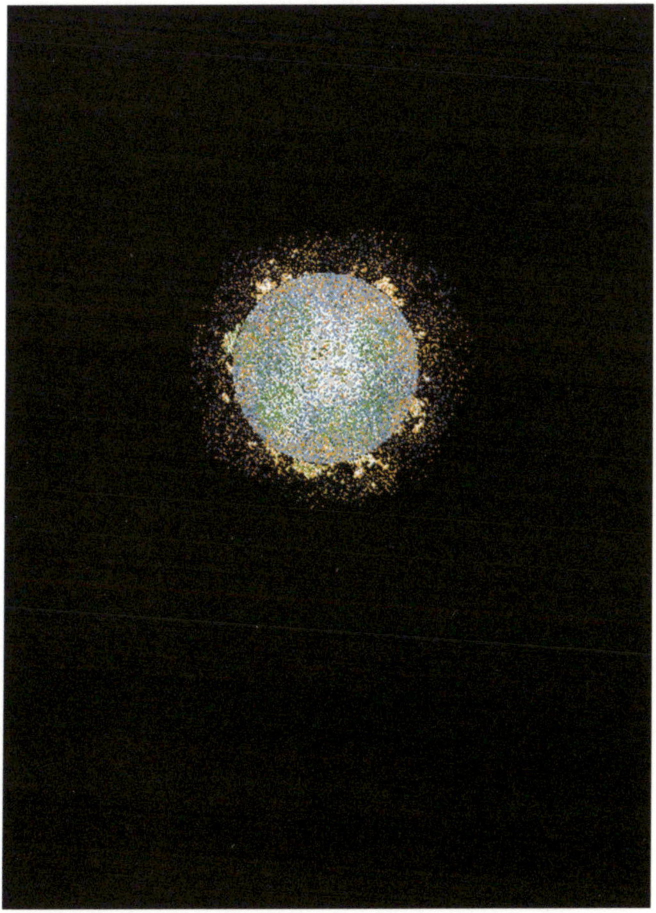

Was um unseren Planeten herumschwirrt – wollen Sie wissen? Ist es noch der Abfall alter Raketen, oder ist der längst aufgesammelt? Vielleicht sind es diverse ausgelagerte Satelliten-Computer oder oder oder ... Auch die dicken Blasen sind der Phantasie des Lesers überlassen. Ich bin kein Hellseher.

Unser MONON ist ein gigantischer intellektueller Organismus, ein planetarisches Riesenwesen aus materiellen, biologischen und kulturellen Strukturen unter Kontrolle globaler Information. Der Mensch, integrierter Teil dieser Ganzheit, ist ein winziges Rädchen im kollektiven System. Mancher fühlt sich vielleicht verloren, umringt von undurchschaubaren Maschinen und übermächtigen Computern, auf die er keinen Einfluss hat. Manchen packt sogar die Angst vor totalem Freiheitsverlust. Ist jede Unabhängigkeit verloren? Sind wir nicht eingebunden, gefesselt? Ist unser MONON ein Gefängnis für Individuen? So mühsam haben wir uns auf langem steinigem Weg hochgekämpft zur Individualität. Geht sie hier wieder verloren? Wird der Einzelne zur überflüssigen winzigen Ameise in einer unpersönlichen Welt?

Denken wir in Ruhe nach. Die Integration des Vormenschen in ein Kollektiv hat begonnen mit der Bildung der frühen Gruppe. Die damit verbundene Notwendigkeit des Sich-Einfügens wurde weit mehr als ausgeglichen durch die Geborgenheit in der Gruppe. Paradoxerweise wurde gerade die Einbindung des einzelnen Menschen in seine Gruppe zum Ursprung aller Freiheitsräume. Allein die Abhängigkeit von der Gruppe – heute: von der Gesellschaft – gibt Freiheit und Muße zum Bücherlesen.

Weil wir Brot beim Bäcker kaufen können, muss niemand mehr selbst Getreide anbauen, selbst backen. Weil wir gegen Rückenschmerzen ein Medikament in der Apotheke finden, können wir ein Konzert genießen oder ein Buch schreiben. Weil irgendwann irgendwo irgendjemand eine Waschmaschine konstruiert, andere sie gebaut, wieder andere sie verkauft, noch andere sie transportiert und angeschlossen haben und weil es überdies ein Elektrizitätswerk gibt, das den Strom zum Steckkontakt liefert, ist der Waschtag sehr viel leichter geworden, als er es für unsere Großmütter war. Wir alle sind – unsere Freiheit ist abhängig von der Gesellschaft.

Das begann in früher Menschheitsgeschichte. Man spezialisierte seine Fähigkeiten und tauschte Produkte. Die Teilhabe an der Gruppe war aber nicht auf den Austausch materieller Werte und reziproker Hilfe beschränkt. Weit bedeutender noch war die intellektuelle Einfügung. So formten sich sprachliche Begriffe nur durch die Wechselwirkung zwischen den Gehirnen. Und nur durch Sprache konnte Wissen, konnten Ideen weitergereicht werden. Sprache definierte Gruppenzugehörigkeit. Auf dem kollektiven Gut „Sprache" baute sich alle weitere Kultur, Religion, Kunst, Technik und Wissenschaft als gemeinsamer Gruppenbesitz auf.

Werden aber unsere Gehirne nicht gleichgeschaltet? Wieder die Angst vor Gleichmacherei. Damals, als die Gruppe entstand, wusste jeder, wann die Beeren reif wurden, wo man die guten Pilze finden konnte, und jeder kannte die Geräusche der Hirsche. Man gab alles Wissen weiter. Was einer lernte, wussten bald alle. Da war kaum Verschiedenheit. Erst mit wachsender Aufgabenteilung gewann man Zeit und Muße, erste Individualität. Es gab bald so viel zu wissen, dass niemand mehr alles wissen konnte. Und dieser kleine Anfang ist heute zu einem gewaltigen, überwältigenden Strom der Möglichkeiten geschwollen. Jeder ist frei, seine Auswahl zu treffen: Was willst du wissen? Alles vom Archaeopteryx, Etliches der Episexualität, Manches über Makroevolution, Neues vom Neandertaler, Sicheres zur Selektion, Vieles von Versteinerungen, Wesentliches über Wirbeltiere, Zusätzliches zum Zufall? Generalisten wissen fast nichts über fast alles, jeder kann Experte werden und dann fast alles über fast nichts, über ein winziges Zipfelchen des Ganzen wissen.

Individualität liegt aber nicht nur im Wissen, sie kann ebenso in der Kunst des Tangotanzes begründet sein – oder im Talent, aus Stoffresten hübsche Puppenkleider zu nähen. Man kann gut Geige, Schach oder Tischtennis spielen. Man kann Liberaler oder Literat sein, Kleingärtner oder Kegelbruder – oder auch all dies zugleich. Jeder kann seine Zipfel finden! Der Mensch wird nicht zu einer ununterscheidbaren Ameise.

Da in der Evolution immer Parallelen auftreten, sollte man auch hier, bei der Individualität, wieder den Vergleich zum Vielzeller sehen. Viele gleiche Einzeller verbanden sich zum Vielzeller, der damit die Freiheit gewann, sich zu differenzieren in Muskelzellen, Blutzellen, Nervenzellen etc. Es war auch dort gerade der Zusammenschluss, der dem Einzelnen erlaubte, verschieden zu werden. Doch es gab auch Kontrollen. Erbinformation steuerte die Embryonalentwicklung – Nervennetze regelten das Verhalten.

Wachsende Freiheiten verlangen Beschränkungen, Grenzen, Vorschriften. Ohne Verkehrsregeln gäbe es Chaos, ohne Steuern keine Polizei, ohne Schulpflicht fast nur Hilfsarbeiter. Mit zunehmender Integration wachsen Welt und Menschheit weiter in selbstbeschränkender Freiheit (vgl. Kap. 3) zu dem tausendfältig schillernden, sich immer weiter differenzierenden Riesenorganismus MONON, der uns neue Beschränkungen auferlegen muss, aber zugleich Freiheitsräume öffnen wird, von denen wir heute noch nicht einmal träumen können. Immer wieder taucht es auf: **selbstbeschränkende, ständig weiter wachsende Freiheit – das Prinzip aller Evolution.**

Was aber wird aus unserem MONON selbst? Bisher haben wir nur von Vergangenheit bis höchstens hinauf zur Gegenwart gesprochen, jetzt fragen wir nach der Zukunft von

Evolution. Kann dazu die Wissenschaft überhaupt etwas einigermaßen Solides sagen?

Wissenschaft geht immer davon aus, dass sich ihre Gesetze nicht sprunghaft ändern, dass die bisherige Tendenz erhalten bleibt, dass also der genetische Code auch für die 99,99 % der Lebewesen gilt, die wir noch nicht daraufhin untersucht haben, und dass die Ladung eines Elektrons auf dem Mars in tausend Jahren nicht anders sein wird als heute bei uns. Auf solcher Basis von Kontinuität und Stetigkeit können wir erwarten, dass auch in Zukunft das einst von Zeus allen Dingen eingepflanzte „Streben nach Vereinigung“ (Pherekydes aus Syros) bestehen bleibt. Und so können wir wagen, in die Zukunft zu blinzeln (unter dem augenzwinkernden Vorbehalt natürlich, dass sich alles auch ganz anders entwickeln könnte, weil Irren doch so menschlich ist).

Was also erwartet spätere Generationen?

Es fällt schwer, zwischen dem Complexum MONON selbst und seinem Großgehirn, seinem immer weiter wachsenden Supercomputer zu unterscheiden. (Es ging uns ganz ähnlich mit unserem Ich und unserem Gehirn.) An Google oder Wikipedia sehen wir, wie der Computer mehr und mehr zum denkenden Speicherzentrum wird, an dem unsere Gehirne als kleine Detailbearbeiter hängen, die ihr bestes Können und Wissen der Zentrale einspeisen und – umgekehrt – ihr eigenes Denken nur mit Hilfe der Zentrale gestalten.

Wegweisend ist das Forschungszentrum CERN, das 1996 das Internet populär machte und heute den Urknall im Taschenformat untersucht. Ein Kollektiv – 2 700 Forscher aus 36 Ländern, jeder eine Kapazität seines Fachs – arbeitet dort. Man fragt den anderen, man berät sich, diskutiert. Niemand gibt Weisungen.

Über nationale und sprachliche Grenzen hinweg findet überall in vielen Gruppen eine ungeahnte Integration zwischen menschlichen Gehirnen und den von diesen erdachten Maschinen statt. Sehr bald werden die Computer auch gute Übersetzer sein. Dann verfügt das Gehirn des MONON über das gesamte Wissen aller seiner Glieder.

Jeder kann Teil dieses weltweit umspannenden, wahrhaft demokratischen, denkenden Netzes sein. Mit seiner Hilfe kann jedermann auch überall ein ganz kleines bisschen mitwirken, allerdings ohne – wie bei einer Wahl – etwas für sich merklich bewegen zu können.

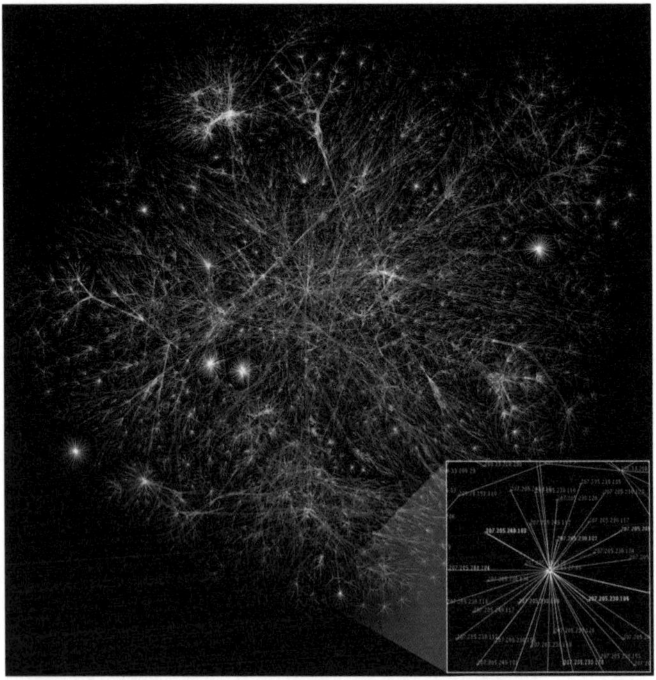

Das Nervennetz unseres MONONS hat Matt Britt in diesem faszinierenden Bild des Internets dargestellt (Stand 2005). Rechts unten ist ein winziger Teil stark vergrößert. (Bei Wikipedia unter Internet map 1024. jpg abrufbar.)

Vernetzung überall: im Gehirn des Menschen, im Wissen des MONONS und schließlich gar im ganzen Universum? Doch zurück: Ein gereiftes MONON sichert ein sattes und sorgenfreies Dasein, wenn auch vielleicht etwas unbehaglich beim Gedanken an die eigene Winzigkeit im Lauf des großen Getriebes.

Doch wie damals in der frühen Horde bettet sich der Mensch allmählich ein im Wissen seiner sicheren Geborgenheit. Ganz langsam verschwimmt das Individuum im kollektiven Bewusstsein des MONON – im kollektiven Weltbewusstsein.

Aber was wird aus unserem MONON selbst? Das MONON ist nur eine einzige Einheit, allein auf sich gestellt: ein einziges Riesen-Complexum. Könnte es sich eventuell teilen – wie ein Bakterium, wie eine Horde – und dann gar verschiedene Wege gehen, sozusagen Ableger, Kolonien auf anderen Planeten bilden? Könnte wieder Konkurrenz und Selektion entstehen? Das ist durchaus vorstellbar, aber mir kommen solche Ideen doch recht biologisch, altmodisch vor, jedenfalls solange noch unsere Sonne gefahrlos für uns strahlt. Im Übrigen bliebe ein so geteiltes MONON eine intellektuelle Einheit, auch wenn es sich vielleicht zur Sicherung seiner Weiterexistenz räumlich aufteilen würde. Es geht in der Noosphäre um Vermehrung und Vertiefung der intellektuellen Information, nicht um Marktanteile, um Eroberungen, um die Erweiterung von Einflussbereichen. Und Malthus lehrt, dass Auswanderung in Kolonien die Ernährungslage der zurückbleibenden Bevölkerung unseres Planeten keineswegs dauerhaft erleichtern würde.

Bisher machte Evolution tausend zufällige Durchbruchsversuche und gelangte auf diesem oder jenem Weg einen Schritt vorwärts – zu größerer Komplexität. Das MONON kann realiter jetzt selbst nur noch einen der unendlich vielen möglichen Entwicklungswege gehen. Es kann jedoch im virtuellen Raum eine riesige Anzahl von möglichen Denkmodellen durchspielen. Dafür sollte es allerdings alle internen Spannungen ausgeglichen haben und ein durch und durch friedliches Wesen geworden sein. Wenn es diese innere Harmonie nicht erreicht, wird es mit Sicherheit an sich selbst zugrunde gehen. Dann können wir alles Weitere vergessen.

Ich hüte mich vorauszusagen, ob unserem MONON dies gelingen wird. Ich bin nicht besonders hoffnungsvoll, wage aber zu prophezeien, dass ein MONON – wenn es überlebt – denjenigen Zustand anstreben wird, der viele alternative Zukünfte virtuell erproben lässt (vgl. einen Affen, der vorausschauend verschiedene Wege zur Banane durchdenkt und nicht durch das Probieren falscher Wege Erfahrung sammelt, wie es ein Huhn täte).

Nur im intellektuellen Raum wird also wieder Auffächerung in Vielfalt und weitere Entwicklung eintreten. Das MONON wird zu einem Flimmern in Gleichzeitigkeit von vielen virtuellen Parallelexistenzen. Im Grunde ist es dann diese Vielheit, die das reale Sein des MONON ausmacht.

Wirklichkeit und Phantasie, Realität und Vorstellungen verschwimmen. Wahres Geschehen und Traum lösen sich auf ...

Wir sagen immer, unser MONON sei allein. Gibt es denn nicht auch andere Mononen im Universum? Was meinten kluge Leute zu dieser Frage?

Den Gedanken des griechischen Philosophen Epikur folgend, schrieb 55 v. Chr. der römische Dichter Lukrez in seinem Lehrgedicht „Über die Natur der Dinge“ (2. Buch, Zeile 1074):

> *„Darum musst du zugeben, dass es in anderen Teilen [des unendlichen Universums] Welten gibt und bunte Stämme der Menschen und Rassen von Tieren.“*

Auch Giordano Bruno erklärte 1584 in seinem Werk „Über das Unendliche, das Universum und die Welten“, es gebe viele bewohnte erdähnliche Welten. Seinen Mut bezahlte er mit dem Leben auf dem Scheiterhaufen.

Immanuel Kant kam bekanntlich besser davon. Der dritte Teil seines grundlegenden Frühwerks „Allgemeine Naturgeschichte und Theorie des Himmels“ (1755) widmet sich ausschließlich *„der Vergleichung zwischen den Einwohnern verschiedener Planeten“*. Gegenüber der großen Bedeutung seiner historisch fundamentalen Beschreibung der Entstehung von Planetensystemen im ersten und zweiten Teil des Buchs wurde später seine phantasievolle Ausschmückung höflich übersehen. Diese war ihm sichtlich selbst peinlich – denn er wollte, weil es zu spekulativ sei, später keinen Nachdruck.

Offenbar fest überzeugt von der Existenz außerirdischer bzw. außermenschlicher Kulturen war 1899 auch Max Planck, wie seine Bemerkungen zu den von ihm entdeckten Naturkonstanten belegen (vgl. Kap. 14, S. 252 ff.).

Auch Teilhard de Chardin spricht von „Noosphären-Systemen“ im Universum, das *„sehr wohl nacheinander oder sogar gleichzeitig mehrere Kulminationen denkenden Bewusstseins hervorbringen könnte“*.

Die ersten dieser Aussagen wurden publiziert Jahrhunderte bevor Kopernikus unser eigenes Planetensystem erklärte (das übrigens der Philosoph Aristarch von Samos schon 280 v. Chr. erkannt und beschrieben hatte). Tatsächliche Beobachtungen mehrerer anderer Sonnen mit Planetensystemen wurden erst vor wenigen Jahren gemeldet.

Es sei zur realen Gewichtung auch die Gegenmeinung zweier Autoritäten erwähnt. A. R. Wallace („Man's Place in the Universe", 1903) kam nach intensiver Diskussion aller Schwierigkeiten zu dem Schluss, dass Leben auf anderen Planeten extrem unwahrscheinlich sei. Ebenso sagt der Theologe Hans Küng in „Was ich glaube" (S. 148): *„An Außerirdische glaube ich nicht."*

Heißt das zusammengefasst, dass wir nun erwarten können, bald in Kontakt zu Außerirdischen zu treten? Oder wir mit deren Besuchen – gar feindseligen – rechnen müssen? Den Sternenkrieg wird es sicher nicht geben. Wir sollten unsere Steinzeitängste ablegen, auch wenn Autoren von spannenden Filmen und Romanen solche Ängste gerne schüren. Gereifte Mononen mit solchen Reisefähigkeiten wären erstens friedliche Complexa – sonst wären sie längst untergegangen. Und zweitens sind Entfernungen für Reisen viel zu groß. Solche Abenteuer existieren nur in der Phantasie von Science-Fiction-Autoren.

„Also dies wohl kaum"

Der einzig vorstellbare Kontakt ist der Empfang von Nachrichten. Aber selbst dieser wird wohl noch lange auf sich warten lassen und würde kein Gespräch sein, sondern ein Unterricht in nur einer Richtung. Wir wären die Lernenden.

Im Laufe der Entwicklung mag der Nachrichtenfluss von Monon zu Monon stufenweise zu einer Informationskaskade anschwellen. Jedes Monon würde alle gesammelte Information, erweitert durch die selbst gewonnene, an andere weiterleiten. Das könnte etwas von einer missionarischen Zielsetzung, eine gemeinsame Kultur zu schaffen, an sich haben. Denn nur Missionare bringen das Opfer – in diesem Fall das der kostbaren Energie –, das für die Weitergabe der Botschaft in einen unbekannten Raum an unbekannte Wesen erforderlich wäre. Bisher sind alle Bemühungen, in den Raum zu lauschen, ergebnislos verlaufen. Obwohl wir mit einem „multiple channel spectral analyser" (MCSA) gleichzeitig 14 Millionen Frequenzen abhören können, haben wir bisher kein Lebenszeichen gefunden.

Aber wir dürfen wohl mit Epikur, Lukrez, Giordano Bruno, Immanuel Kant, Max Planck und Teilhard dieses Ereignis *irgendwann* erwarten, wenn wir unser MONON nicht zugrunde richten.

Doch Geduld: Es wird noch viel, viel Zeit vergehen.

Vielleicht vermuten Sie, Autor und Verlag hätten Gott nur als Verkaufsargument in den Untertitel des Buches gesetzt. Dieses Kapitel, der Frage der Schöpfung gewidmet, wird solchen Verdacht hoffentlich entkräften.

14 Wo im Universum liegt die geheimnisvolle Uhr des Mister Paley?

Vom Erzdiakon von Carlisle zum ALPHA-Prinzip

„In der Natur der Dinge gibt es nichts Zufälliges, sondern alles ist kraft der Notwendigkeit der göttlichen Natur bestimmt, auf gewisse Weise zu existieren und zu wirken."

(Spinoza)

Der Jesuitenpater und Naturforscher Teilhard de Chardin teilte den Verlauf der Evolution in drei Phasen, in eine materielle, eine biologische und eine geistige Entwicklung. Diese jetzt breit akzeptierte Deutung wurde zu Teilhards Lebzeiten von der biologischen Fachwelt wohl wegen der oft religiös-mystischen Sprache seiner Texte kaum beachtet. Heute kann man den Beginn seiner „Biosphäre" durch das Auftreten der genetischen Information und den seiner „Noosphäre" durch die Dominanz des darüber gelagerten intellektuellen Informationssystems charakterisieren.

Mir ist nicht bekannt, ob Teilhard je Bezug genommen hat auf die von Gottfried Wilhelm von Leibniz, John Ray, Bernard Nieuwentijt, William Derham und anderen diskutierte „Natürliche Religion“. Der während des 18. Jahrhunderts wachsende Einfluss der Naturwissenschaften hatte speziell im anglikanischen Raum zu vielen Gesprächen um eine aus Vernunft und Naturbetrachtung herzuleitende „Natürliche Theologie“ geführt.

Genau unter diesem Titel publizierte der Erzdiakon William Paley wenig später sein Werk mit dem bekannten Gleichnis von der gefundenen Uhr, die die Existenz eines Uhrmachers zeige, wie ja auch die verblüffende Eignung aller Formen der Natur die Existenz Gottes beweise. Diese „Offenbarung der Natur“ stand neben der „Offenbarung des Wortes“. Jede der beiden bezeugte die Weisheit, Allmacht und Güte des göttlichen Schöpfers. Bedeutende Vertreter der Natürlichen Theologie und ihre Epigonen brachten eine Fülle von Argumenten hervor, die man in folgende vier Gruppen einteilen kann:

- **Amüsantes**, wie zum Beispiel die Nützlichkeit von Läusen, Motten, Ratten und anderem Ungeziefer als Mahner zu mehr Sauberkeit, die Wichtigkeit der Nasen zum Brillentragen und der Sterne für die nächtliche Seefahrt (sehr englisch).

  „... und all hätt dä leeve Jott jemaht, och de Flüh?“, fragt der kleine Kölner Köbes seine Lehrerin. „Ja, alles“, sagt die. Da lacht Köbes versonnen: „Dat muss ävver en Knibbelsarbeit jewäs sin!“[1]

[1] nach Heinrich Lützeler: Philosophie des Kölner Humors

- Die zweite Gruppe bilden Belege der Eignung unseres Planeten durch seine Atmosphäre, seinen richtigen Abstand von der Sonne sowie durch die Jahres- und Tages-Zyklen u. Ä. Im Untergrund schwingt hier noch das durch Kopernikus abgelöste geozentrische Weltbild mit. Solche Planeteneignung verwundert heute nicht mehr, denn in der Fülle von 100 Milliarden Galaxien, jede mit Milliarden von Sternen und diese mit verschiedensten Planeten, werden auch geeignete Welten dabei sein. Jede Sekunde entstehen Arnold Benz (Eidgenössische Technische Hochschule Zürich) zufolge im Universum ca. 30 Tausend neue Sterne. Eine gezielte Schöpfung unseres Planeten für das Leben war da sicher nicht erforderlich – das Schrotschuss-Prinzip hätte genügt.
- Die dritte Gruppe bilden Argumente der Eignung von Lebewesen für ihren Lebensraum – vom weißen Fell des Eisbären bis zur Empfindlichkeit des menschlichen Auges gerade für diejenigen Wellenlängen des Lichts, die die Atmosphäre der Erde durchlässt. In solchen biologisch-theologischen Fragen war Char-

les Darwin bestens geschult. Er kannte – wie er einmal sagte – die „Natürliche Theologie" des William Paley fast auswendig. Seine Selektionslehre erklärte dieses Passen der Lebewesen in ihre Welt jedoch ohne speziellen Plan des Schöpfers, wie ihn Paley zu erkennen meinte. Die Folge der Darwin'schen Veröffentlichung war einschneidend. Die Natur war jetzt erklärt. Die bis dahin weit verbreitete Natürliche Theologie geriet bei Theologen ebenso wie bei Naturwissenschaftlern schnell in Misskredit. Die Trennung von Wissen und Glauben schien endgültig, selbst wenn die vierte Gruppe von alten Argumenten noch Bestand hatte.

- Diese letzte Gruppe betrifft die auf wundersame Weise so lebensgeeigneten Eigenschaften der Materie, zum Beispiel die des Wassers, seine temperaturabhängige Ausdehnung, seine Verdampfungs- und Schmelzwärme, seine Dielektrizitätskonstante sowie auch die Bindungsfähigkeiten des Kohlenstoffatoms als Grundlage aller organischen Chemie (vgl. zu beidem die Seitenblicke in Kap. 4).

Das heute fast vergessene, aber so wichtige Buch zu diesen Fragen – „The Fitness of the Environment" von Lawrence J. Henderson, Harvard-Professor der Biochemie – erschien erst am Anfang des 20. Jahrhunderts. Seine Erkenntnisse waren also nur in Ansätzen (etwa in der so genannten Hydro-Theologie) Teile der klassischen Argumentation.

Seit Darwin ist die Liste der Merkwürdigkeiten der Materie und des Universums ständig angewachsen. Während jedoch die alte „Physiko-Theologie“ die Eigenschaften des Sonnensystems und des Lebendigen als Beweis für die Weisheit des Weltenkonstrukteurs betonte, stehen heute die Eigenschaften von Materie und Raum-Zeit, die Anfangsbedingungen des Universums, im Mittelpunkt des Interesses. Denn nur deren erstaunliches quantitatives Zusammenpassen ermöglichte Evolution.

Diese mysteriöse Eignung der materiellen Welt, meist als „anthropisches Prinzip“ bezeichnet, bringt Theologen und Naturwissenschaftler erneut ins Gespräch. Auch wenn sie hier wieder Gemeinsamkeiten finden, so sollte man sich nicht der Illusion einer neuen Einigkeit hingeben. Vom professionellen Theologen und vom christlich-gläubigen Naturwissenschaftler, der in zwei völlig getrennten Räumen lebt (in seinem weltlichen Labor und seiner christlichen Gebetskapelle), wird zwar die neuerlich mögliche religiöse Erfahrung im Rahmen von Physik und Evolutionsgeschehen als Bestätigung der biblischen Wortoffenbarung begrüßt – doch müsse man sich dabei bewusst bleiben, dass *„die rechte natürliche Gotteserkenntnis nur der Christ hat, das heißt der Mensch, der zugleich in der Christusoffenbarung drinsteht“*. Dieser Satz stammt von Emil Brunner (1935). Das zu unterschreiben wäre Teilhard wohl schwergefallen.

Karl Barth meinte dazu, eine auf Vernunft gegründete Natürliche Theologie sei nur der Kirche des Antichrists bekömmlich, während Luther gar die Vernunft zu des Teufels Hure erklärte. Dagegen stellt das 1. Vatikanische Konzil am 24.4.1870 päpstlich dogmatisch in „Dei Filius“ fest, *„dass Gott mit Sicherheit durch das natürliche Licht des menschlichen Verstandes aus den geschaffenen Dingen erkannt werden kann“*. Gemeint ist der Gott der katholischen Christenheit. Andere Theologen sagen (wohl zur Sicherung der Notwendigkeit einer Wort-Offenbarung), dass im Buch der Natur nur ein immanenter natürlicher Gott zu entdecken sei.

Im Gegensatz dazu meinen wenige Wissenschaftler, in den durch den Verstand erfahrbaren Wundern der Natur die einzig **direkte** Offenbarung des Weltenschöpfers sehen zu können, die einzig unverhüllte, die nicht von Zeitgeist und kulturellem Hintergrund kirchlicher Machtansprüche geprägt ist – die einzige, die nicht nur durch menschliche Sprache geformte und in mehrfachen Übersetzungen gestaltete Bilder liefert. In ihren Augen ist die Offenbarung der Natur wegen ihrer unverfälschbaren Direktheit allen dogmatischen Texten der Religionen übergeordnet und sollte diesen als Brücke zu mehr gegenseitigem Verständnis und Toleranz dienen. Jeder denkende Mensch kann sie unmittelbar erfahren, und zwar umso intensiver, je mehr er sich bemüht, in die Wissenschaft der Natur einzudringen.

Einstein erhielt von einem New Yorker Rabbiner eine telegrafische Frage: „Glauben Sie an Gott? 50 $ für Antwort bezahlt." Er telegrafierte zurück:

> *„Ich glaube an Spinozas Gott, der sich in der Harmonie alles Bestehenden offenbart, nicht an einen Gott, der sich mit dem Schicksal und den Taten einzelner Menschen beschäftigt."*

Die Erkennung des Urgrunds ist so ausschließlich, dass alle Texte von Religionen, die mit Verben und Adjektiven der gewöhnlichen, sonst auf Menschen bezogenen Sprache, Aussagen über einen zornigen oder gütigen Gott männlichen Geschlechts zu machen versuchen, religiös unabhängig denkenden Menschen blasphemisch erscheinen. Sie sind eine **Vermenschlichung des Unbegreiflichen** und damit zugleich eine **Selbstvergöttlichung des Menschen.** Wie sagt Thomas von Aquin (1225–1274)?

„Hoc est ultimum cognitionis humanae de Deo: quod sciat se Deum nescire."
(De potentia 7,5 ad 14)
„Die letzte menschliche Gotteserkenntnis ist das Wissen von Gottes Unbegreiflichkeit."

Oder Augustinus (354–430):

„Si enim comprehendis, non est deus."
(Predigt 117,3,5)
„Wenn du begreifst, ist es nicht Gott."

Und noch einmal Aquinas:

„De deo scire non possumus, quid sit, sed quid non sit!"
(Summa Th.1 q.3 introd.)
„Wir können von Gott nicht wissen, was er ist, sondern nur, was er nicht ist."

Diese Gottessicht verhindert auf radikale Weise Widersprüche zwischen dem Buch der Natur und dem Buch der Offenbarung, soweit sie Aussagen über Gott machen. Eventuell Widersprechendes nämlich wird ungültig, weil alle Aussagen über Gott, falls begreifbar, ja hinfällig sind, denn das über Gott dort Gesagte ist ja „nicht Gott". Nur unbegreifliche Aussagen über Gott haben Bestand, aber Unbegreifliches kann nicht widersprüchlich sein. Nicht ohne Grund – so scheint es – war das dem Laien unverständliche Latein die Kirchensprache des Mittelalters.

Auch konfrontiert mit der ständig wieder gestellten Frage des Theodizee-Problems (Wie kann Gott bei diesem Zustand der Welt allmächtig, gerecht, allwissend und gütig sein?), ist die Erklärung von Gottes Unbegreiflichkeit die sichere Antwort des christlichen Theologen, die ich meinem langjährigen Freund Helmut Riedlinger verdanke. Mehr noch: Die Unbegreiflichkeit Gottes hebt den Gegensatz zwischen Theismus und Deismus auf und mildert sogar den zwischen Allah, Jehovah und christlicher Trinität.

Auch der dreieinige Gott des Neuen Testaments ist ja unverstehbar, also der dreifache Gott aus Gott selbst, dem Gottessohn und dem Heiligen Geist – einer Dreiheit, die der Regensburger Professor Weinert für die *„Aufgipfelung des Monotheismus, nicht für dessen Verwässerung"* hält. Für mich war diese Dreifaltigkeit nie richtig begreifbar, was aber nach dem Zeugnis der klügsten Denker der Christenheit ja gerade zur Gotteswahrheit gehört. Durch die Trinität werden aber auch alle verstehbaren Aussagen über den Sohn Gottes in den Bereich des „Was du begreifst, ist nicht Gott" gezogen. Vom Gottessohn bleibt Unbegreifliches: Menschwerdung, Auferstehung, Himmelfahrt, Wunder. Auch die „causa prima" – die Urkraft am Anfang – war seit eh und je unbegreiflich, abstrakt, aber ohne verwirrende vermenschlichende Zusätze – sie ist „schaubar" durch die Wissenschaft der Natur.

An dieser Stelle sollte ein großes Warnschild stehen: „UMKEHRSCHLUSS VERBOTEN", denn wahre Aussagen über Gott sind zwar unbegreiflich, aber man sollte nicht alles, was man nicht gleich begreift, Gott zuschreiben. Diesem Irrtum unterliegen Creationisten.

Und noch ein abschließendes Zitat:

„Ich glaube hingegen, dass das Universum so konstituiert ist, dass es sich selbst reguliert. (...) Als Gefühls- und Religions-Sache halte ich dieses für eine weit tiefere Konzeption des Schöpfers und Universums als das, was man die ‚beständige Einmischungs-Hypothese' nennen kann. Aber es ist überhaupt keine Frage, welche durch unsere Gefühle oder Überzeugungen entschieden werden kann, es ist eine Frage der Tatsachen und der Vernunft."

(Wallace 1867, S. 473)

Oder, ganz schlicht: Gott macht, dass die Dinge sich machen.

Im Jahre 1929 entdeckte der amerikanische Astronom Edwin P. Hubble die Rotverschiebung aller Galaxien. Sie wird gedeutet durch eine Ausdehnung des Alls – vergleichbar einem Rosinenkuchen, der sich beim Backen ausdehnt, oder der Fläche der Gummihaut eines Luftballons beim Aufblasen. **Alle** Punkte der Fläche bzw. des Universums – also auch unsere Erde – scheinen daher genau in dessen Mitte zu liegen, weil sich alles von uns wegbewegt. Der Urknall (big bang) des Universums, so ermitteln die Physiker, liegt 13,7 Milliarden Jahre zurück. Das kann man aus astronomischen Daten berechnen. Damit ist ein Zeitanfang für unser Universum gesetzt. Diese Vorstellung kommt der theologischen Idee einer „creatio ex nihilo" – einer Schöpfung aus dem Nichts – entgegen und wird zurzeit im größten je durchgeführten physikalischen Experiment in der Schweiz untersucht. Die Fachleute sind sich dabei bewusst, dass zwar mystisches Denken, aber niemals harte klassische Physik die Entstehung von „Etwas" aus „Nichts" beschreiben kann.

Was aber war denn vorher – vor dem großen Knall, vor der Zeit? Was hat Gott vor der Schöpfung gemacht? Fragen Sie das lieber nicht. Kirchenlehrer Augustinus soll geantwortet haben, Gott habe an der Hölle gearbeitet für Leute, die so dumme Fragen stellen.

Die römische Kirche hat schon 1951 das Modell eines Urknalls gutgeheißen. So hat der damalige Papst Pius XII. (Eugenio Pacelli war Papst von 1939 bis 1958) alle Aspekte dieser Kosmogenese für wissenschaftlich erforschbar erklärt – die einzige Ausnahme bliebe die Singularität des Anfangs selbst, die man jetzt durch „Schleifenquantengravitation" (vgl. Kap. 4) elegant zu umgehen versucht.

Was wird nun aber mit der Ausdehnung des Alls? Geht die Expansion bis in alle Ewigkeit immer weiter, oder kommt sie irgendwann in einem Gleichgewicht zum Stehen? Oder wird sie sich schließlich durch die Massenanziehung gar umkehren zu einem gewaltigen Kollaps?

Seit einigen Jahren ist das unklarer denn je. Das hängt mit der Gesamtmasse des Universums zusammen. Nach neuen Berechnungen besteht diese nämlich nur zu etwa 5 % aus Materie, wie wir sie kennen. 20 % sei „dunkle" Materie – unsichtbar, aber durch ihre Masse die Gravitation in Galaxien verstärkend. Möglicherweise wären „Susy-Partner" solche dunkle Materie (vgl. den Seitenblick auf das Standardmodell in Kap. 4). Der große Rest von 75 % sei sogar „dunkle Energie" – mit der merkwürdigen Eigenschaft, die Expansion des Universums wohl zu beschleunigen. Man weiß doch noch sehr wenig Sicheres.

Seit 1986 versuchen manche Physiker nun sogar, den Welle-Teilchen-Dualismus der alten Quantenphysik, der ja schon schwer genug zu verkraften war, durch die Sphärenmusik vibrierende Fäden – die Strings – zu ersetzen.

Seitenblick auf **Strings**

Die String-Theorie ist eine mathematische Beschreibung der Eigenschaften der kleinsten Bausteine des gesamten Universums. Diese seien so unvorstellbar winzig, dass es nie möglich wäre, sie in irgendeinem Experiment zu erfassen. Also alles nur ein metaphysisches Hirngespinst, das man vergessen sollte? Das nun auch nicht. Die Mathematik der Strings kann ungewohnt viele komplexe Details der Physik korrekt und frei von Anomalien (inneren Widersprüchen) beschreiben und in eine kohärente Form bringen. Sie übt durch diese Fähigkeit eine ungeheure Faszination auf jeden aus, der die beeindruckende Architektur ihres mathematischen Gebäudes begreifen oder wenigstens erahnen kann.

Alles in der Welt besteht danach aus Strings – aus winzigen Fäden, die in vielfältigen Mustern vibrieren. Je nach Art ihrer Schwingungen erscheinen sie uns als Protonen, Elektronen, mit entsprechenden Massen und Ladungen, oder als Lichtquanten usw.

Für den Laien ist besonders bestürzend, dass die Mathematik dieser Physik mehr Dimensionen als die üblichen vier (eine Zeit-, drei Raum-Dimensionen) erfordert. In dieser Welt kann man nicht nur rechts/links, vorne/hinten, oben/unten und früher/später unterscheiden, sondern zusätzlich noch einige solcher Alternativen mehr. Die String-Mathematik verlangt insgesamt zehn, also noch sechs weitere Dimensionen. Diese seien sehr eng „aufgerollt", sagen die Experten, für unsere Sinne seien sie nicht wahrnehmbar, aber wichtig als Raum, in dem weitere Kräfte wirken könnten.

Wie für alle Entwicklungen charakteristisch, hat sich die String-Theorie bald zu unterschiedlichen Varianten aufgespalten, fünf an der Zahl. Doch hier, im Bereich der intellektuellen Information, ist auch eine Integration solcher Aufspaltungen wieder möglich: zu einer vereinigten so genannten M-Theorie. Ihr Begründer Edward Witten sagt, das M stehe für „magic", „mystery" oder „matrix". Es überrascht kaum noch, dass die M-Theorie zusätzlich noch eine weitere Dimension – jetzt also elf – benötigt, damit das Ganze einen geschlossenen Sinn machen kann. Aber damit nicht genug: In der M-Theorie dürfen Strings sich zu Flächen, „branes" (von „membranes") verbreitern, die sogar bis zu der Größe eines Universums anwachsen und selbst eine Dicke von mehreren Dimensionen annehmen können.

Unser bisheriges, bescheidenes vierdimensionales Universum könne einen Teil solcher „branes" in einem elfdimensionalen Raum bilden. An dem Punkt eines Zusammenstoßes von zwei „branes" sei ein Urknall möglich, aus dem Welten – wie unser Universum – mit weniger Dimensionen entstünden. So gebe es möglicherweise neben dem unseren noch Paralleluniversen, mit denen Kontakte nicht völlig ausgeschlossen seien, weil „Gravitonen" (die postulierten, aber noch nicht gefundenen, masselosen, lichtgeschwinden Partikel, die die Massenanziehung bewirken) als einzige Strings sich frei durch alle Dimensionen als Signale bewegen könnten.

Der elfdimensionale Raum sei unbegrenzt in allen Dimensionen – auch in der Zeit –, sei also ohne Anfang – ewig – und auch ohne Erklärung.

Nach André Linde (Stanford University) könnte unser Universum aber auch in einem ewigen multidimensionalen „Überuniversum" eine von vielen Blasen (mit weniger Dimensionen) sein, die dort laufend durch Teilung entstehen und wieder vergehen sollen. Dabei sollten in ihnen verschiedene zufallsgegebene Naturgesetze gelten. Eine besonders für Biologen faszinierende Variante einer solchen Vorstellung stammt von Lee Smolin. Danach können Universen „Tochteruniversen“ erzeugen. Diese haben die gleichen Naturkonstanten wie ihre „Mütter“, können aber gelegentlich kleine Änderungen als „Mutationen“ enthalten, die eine darwinartige Selektion unter den Universen ermöglichen.

Jeder Laie muss all diese Überlegungen der hochelitären Sekte der String-Theoretiker für nahezu Wahnsinn halten. Mir als einem Dreiviertel-Laien geht es kaum anders – nur ein kleiner Rest von Physiker in mir bewundert ohne ein wirkliches Verstehen den ungeheuren Mut und die Schönheit dieser Gedanken. Waren nicht alle Durchbrüche der Wissenschaft anfänglich von einem Kopfschütteln lächelnder Kollegen und von totaler Verständnislosigkeit der übrigen Welt begleitet?

Die Mathematik der Strings führte zur Vorstellung einer elfdimensionalen, grenzenlosen Welt mit möglichen Paralleluniversen. Das erinnert an das einfache, sympathische, alte und – zu meinem damaligen Leidwesen – längst vom Urknall verdrängte „Steady-State-Modell“ von Fred Hoyle. Danach sollte ein in Ewigkeit gleiches Universum unbegrenzt in Raum und Zeit existieren und zu allen Zeiten an allen Orten trotz unbedeutender lokaler Unterschiede im Wesentlichen das gleiche Bild zeigen. Schöpfung kam dabei als ständige Neuentstehung von Sternen vor, die die permanente Ausdehnung und damit verbundene Ausdünnung des Alls kompensierte.

Physiker haben stets versucht, in mathematisch mitreißenden und vom normalen Menschen überhaupt nicht mehr verstehbaren Formelwelten mit Symmetrie- und Erhaltungssätzen auf möglichst wenigen Annahmen Modelle zu bauen. „Simplex sigillum veri" (Einfachheit kennzeichnet das Wahre) stand in großen Lettern an der Stirnwand im Hörsaal des Göttinger Physik-Instituts. Physik folgt noch heute dem Gedanken der besten aller Welten von Gottfried Wilhelm Leibniz (1710):

> *„Gottes Welt ist zugleich die einfachste*
> *in ihrer Gesetzmäßigkeit und die reichste*
> *in ihren Erscheinungen."*

Seit den 70er Jahren des 20. Jahrhunderts ist in der klassischen Physik ein weiterer neuartiger Zweig aufgetaucht. Ich nenne ihn die Physik des „Was wäre, wenn". Man sucht eine Antwort auf Einsteins große Frage, ob Gott Freiheiten hatte bei der Erschaffung des Universums, und findet, wie ungeheuer eng der erlaubte Bedingungsfreiraum war, weil Evolution mit etwas veränderten Konstanten (d. h. Eigenschaften der Materie) unmöglich gewesen wäre. Man fragt: Was wäre passiert, wenn diese oder jene Naturkonstante etwas kleiner oder größer gewesen wäre, und stellt jedesmal fest, Evolution wäre dann an irgendeiner Stelle gescheitert.

1974 führte Brandon Carter für diese Betrachtung die Bezeichnung **„anthropisches Prinzip"** ein. Es ist verschieden formuliert worden. Die schwache (und triviale) Version: Die Eigenschaften des Universums sind derart, dass Leben und denkende Wesen (z. B. Menschen) entstehen können oder (die starke Version) entstehen **müssen**.

Oder gar die superstarke Version: Keine anderen Eigenschaften als die unseres Universums führen zwingend zu denkenden Wesen. Auch das erinnert an Leibniz: *„Unsere Welt ist unter allen möglichen die einzig vollkommene."*

Mir gefällt der ganz auf den Menschen bezogene Ausdruck „anthropisch" nicht (gr. anthropos = Mensch). Er erweckt den sicher gewollten Eindruck, die ganze Schöpfung, das gesamte Universum sei ausgerechnet und ausschließlich nur auf Menschen wie uns, die wir heute auf gerade diesem Planeten leben, zugeschnitten. Das ist eine gewaltige Anmaßung. Man sollte besser die generelle Bezeichnung „ALPHA-Prinzip" benutzen. In Verallgemeinerung des starken anthropischen Prinzips besagt es:

Die ALPHA-Bedingungen – das sind die Gesetze der Natur sowie die Eigenschaften von Materie und Raum-Zeit – führen zwangsläufig zur Entstehung und zum Wachstum von Komplexität und Information (Wirkungspotenz).

Notre Dame

DNA, Blick in die und entlang der Kette

Rosetten-Vergleich nach einer Titelblatt-Idee der Zeitschrift Science.

In letzter Konsequenz ist solche Zwangsläufigkeit natürlich nicht beweisbar, doch weist alle naturwissenschaftliche Erfahrung bisher in diese Richtung.

Ein Seitenblick auf **Konstanten der Physik**

Astronomische Werte wie Maße unseres Sonnensystems oder unserer Galaxie sind zufällig und gehören nicht zu den Konstanten der Physik. Echte Fundamentalkonstanten der Natur haben überall gleiche Zahlwerte, sind aber abhängig vom benutzten Maßsystem. Dazu zählen vor allem:

- die Lichtgeschwindigkeit $c = 3 \times 10^8$ m/sec.
  (in Meilen pro Stunde wäre der Zahlwert anders)
- das Planck'sche Wirkungsquantum
  $h = 6{,}626 \times 10^{-34}$ Js
  (das Verhältnis von Energie und Frequenz eines Lichtquants oder eines Teilchens)
- die Gravitationskonstante $G = 6{,}674 \times 10^{-8}$ m^3/gs^2
  (eingeführt von Newton, misst die Anziehungskraft zwischen zwei Massen)

Aus diesen drei Größen leitete 1899 Max Planck Elementarquanten der Zeit, der Länge und der Masse ab. Diese so genannte Planck-Zeit, Planck-Länge und Planck-Masse bilden ein System „natürlicher Maßeinheiten", die die Gültigkeit der Naturgesetze begrenzen.

Planck sagte von ihnen („Vorlesungen über die Theorie der Wärmestrahlung", 1913), sie würden *„unabhängig von speziellen Körpern oder Substanzen ihre Bedeutung für alle Zeiten und für alle, auch außerirdische und außermenschliche Kulturen notwendig behalten und könnten daher als ‚natürliche Maßeinheiten' bezeichnet werden"*.

Er berechnete ihre Werte als:

$t_{planck} = 5{,}3 \times 10^{-44}$ sec
$l_{planck} = 1{,}6 \times 10^{-33}$ cm
$m_{planck} = 2{,}2 \times 10^{-5}$ g

Zu den kosmischen Fundamentalgrößen gehören auch:

- das Alter des Universums ($13{,}7 \times 10^{9}$ Jahre)
- die Hubble-Konstante ($2{,}3 \times 10^{-18}$/sec)
  (Das ist die jetzt gültige Expansionsrate des Universums.)

Die wichtigsten Konstanten jedoch sind die reinen Zahlen, die unabhängig vom Maßsystem sind. Außer den leicht zu bildenden Verhältnissen, wie Masse Elektron zu Masse Proton, sind das die vier „Feinstrukturkonstanten“ der vier „Fundamentalkräfte“:

- Starke Kernkraft ($\alpha_s = 3{,}9$): Hält die Atomkerne zusammen, wirkt nur in sehr kurzem Abstand. Bei Atomexplosionen wird diese Energie freigesetzt.
- Schwache Kernkraft oder schwache Wechselwirkung
  ($\alpha_w = 10^{-13}$): Ist auch nur von kurzer Reichweite, wandelt Teilchen um, etwa Proton in Neutron, und ist Ursache von Radioaktivität.
- Elektro-magnetische Kraft ($\alpha_e = 0{,}0073$): Wechselwirkung zwischen elektrischen Ladungen.
- Gravitation (Massenanziehung; $\alpha_G = 0{,}5 \times 10^{-40}$):

Das Verhältnis der Stärke dieser Kräfte ist also etwa

$$1 : 10^{-13} : 10^{-2} : 10^{-39}$$

Dieses Quartett der für Evolution „maßgeschneiderten Konstanten“ kann man – wie von Martin Rees diskutiert – auch auf weitere Fundamentalkonstanten ausweiten, die genau stimmen müssen, um Evolution zu ermöglichen. Dabei werden zum Beispiel Ladung und Masse des Elektrons einbezogen. Ob vier, sechs oder mehr – soll man annehmen, dass diese so passenden Werte der Naturkonstanten Folgen von Zufällen sind? Oder steckt mehr dahinter?

Wir reden hier von Konstanten, sollten aber erwähnen, dass es schon öfter Zweifel, ja sogar Hypothesen gegeben hat, die eine zeitliche oder/und räumliche absolute „Konstanz“ aller Naturkonstanten in Frage gestellt haben. Neuere Messungen fanden tatsächlich direkte Hinweise auf eine Abnahme des Wertes von α_e mit dem Alter des Universums. Aber solche Änderungen würden auch Teil der Naturgesetze sein und nichts an den wundersamen Werten der Konstanten ändern.

Noch einmal zurück zum ALPHA-Prinzip. Zu seiner Veranschaulichung übernehme ich drei der vielen Beispiele der Überlegungen des „Was wäre, wenn“:

- **Die starke Kernkraft** hält den Deuteriumkern zusammen. Das gelänge ihr nicht, wenn sie nur um 5 % schwächer wäre. Es gäbe dann kein Deuterium (Proton + Neutron) und somit auch keine höheren Atomkerne. Eine um 2 % stärkere Kraft dagegen würde zwar eine Proton-Proton-Bindung erlauben, doch wäre bald nach dem Urknall aller Wasserstoff hierfür verbraucht, so dass kein Wasser existieren könnte.
- Wäre beim **Zusammenschluss von ALPHA-Teilchen** schon ein Verband von zweien stabil, so würden alle ALPHA-Teilchen rasend schnell zu „Doppel-ALPHAS“ werden. Der Energievorrat der riesigen Feuerbälle wäre umgehend völlig verbraucht, die Sterne selbst bald explodiert, was

die Entstehung von Kohlenstoffkernen verhindert hätte. Und was wäre die Welt ohne Kohlenstoff!

- **Die Gravitation** ist etwa 10^{39}-mal schwächer als die starke Kernkraft. Wäre sie stärker, etwa 10^{38} zu 1, würden alle Sterne schnell zu blauen Riesen werden, das heißt, die Zeit des Strahlens einer Sonne wäre viel zu kurz, um sich Leben auf einem ihrer Planeten entwickeln zu lassen. Wäre die Gravitation dagegen schwächer, etwa mit einem Verhältnis von 10^{40} zu 1, so wären alle Sterne rote Zwerge mit nur einem sehr schmalen Bereich für Leben gestattende Planeten, die zudem, wenn sie Ozeane hätten, in ihrer Rotation durch Gezeiten abgebremst würden, so dass schließlich ihr Wasser auf der einen Seite kochen, auf der anderen zu Eis gefrieren würde. Leben wäre wieder nicht möglich.

Die Reihe solcher Beispiele können Experten verlängern. Es entsteht das faszinierende Bild einer Evolution auf dem Drahtseil. Die Sensibilität gegen Abweichungen ist erstaunlich. Schon winzige Änderungen nach links oder rechts wären tödlich. Man hat von der haarsträubenden Enge des erlaubten Korridors gesprochen.

Fassen wir zusammen. Wir stehen vor folgenden Fakten:

- Eigenschaften des Universums und der Materie, gegeben durch die Fundamentalkonstanten der Physik, besitzen Werte, die schon bei äußerst geringen Abweichungen den Ablauf der beobachteten Evolution verhindert hätten.
- Elementarpartikel und ihre ersten Integrationsprodukte, wie ALPHA-Teilchen oder die Moleküle des Wassers, zei-

gen ebenso wie die komplexeren Strukturen der organischen Chemie Eigenschaften, die für den Lauf der Evolution unabdingbar waren.
- Schon am allerersten Anfang des Lebendigen erkennt man den Einfluss von Systemzwängen, die auch später vielfach wirksam sind, zum Beispiel im wechselseitigen Druck zwischen Jägern und Beute oder beim Erwerb von Sprache, Landwirtschaft und Schrift.

Ohne Zweifel sind diese für unsere Existenz zentralen Fakten äußerst wundersam. Dass in unserem Weltall eine Kombination von gerade solchen Merkwürdigkeiten existiert, die Evolution möglich machen, ist unerklärt, ist das wohl größte aller Rätsel – ist eine Unbegreiflichkeit.

Da die meisten Wissenschaftler eine Begründung in der Transzendenz nicht akzeptieren, suchen Physiker, nach einer zwingenden Ursache im Rahmen ihrer Mathematik, um diesen „unmöglichen“, ihnen wohl selbst unheimlichen Zufall zu erklären. Vielleicht ergibt sich ja eines Tages eine einfache Erklärung, etwa aus den zusätzlichen Raum-Dimensionen der M-Theorie. Man soll die Möglichkeit einer einfachen Erklärung niemals ausschließen.

Jedenfalls könnte ein Beobachter, dem das staunenswerte Zusammenspiel so vieler Faktoren auffallen würde, ja nur in einem Universum mit solchen Eigenschaften auftreten, sagen die Physiker. Dem kann man nur zustimmen. Um aber das Wunder zu verdrängen, meinen sie weiter, dass doch sehr viele Universen existieren könnten, in denen der Zufall verschiedene Naturgesetze erzeugt hätte. Dann hätte in unserem alles halt **zufällig** für Evolution zusammengepasst und wäre folglich gar nichts Wunderbares. Auch hier das Schrotschuss-Prinzip. Damit haben wir es geschafft: Der sinnleere Zufall ist durch das Multiversum rehabilitiert.

Auch Richard Dawkins, der scharfsinnige und eloquente Wortführer des Atheismus, neigt zunächst dem Argument des Multiversums zu, das vor dem verwirrenden Faktum der Fundamentalkonstanten retten kann, distanziert sich dann aber von den beiden „verschwenderisch zusammengestoppelten Hypothesen": Gott einerseits und Multiversen andererseits. Als Erklärung bietet er die von ihm aufgestellte Alternative zwischen „Gott" und dem „anthropischen Prinzip". Die Tatsache, dass wir uns in einem evolutionsgeeigneten Universum auf einem lebensfreundlichen Planeten befinden, meint Dawkins, sei auf eben zwei Weisen erklärbar: durch einen entsprechenden Schöpfer oder durch das anthropische Prinzip, das dadurch allerdings sich selbst erklären würde. Nach Dawkins müssen – kurz gesagt – die Konstanten einfach so sein, weil wir existieren. Richtiger wäre aber doch wohl die Aussage: Wir existieren, weil die Konstanten so sind. Mir scheint als Erklärung für das wundersame Passen der Konstanten – außer der Transzendenz – nur die Möglichkeit denkbar, dass sich noch nicht erkannte Folgerungen aus einer noch nicht gefundenen Weltformel der Physik plötzlich als tiefere Begründung für die Werte der Fundamentalkonstanten herausstellen könnten.

Woher ein Schöpfer oder eine solche Weltformel aber ihren Ursprung ableiten, bleibt dennoch immer unerklärtes Mysterium, in bescheideneren Worten: wohl auch Physikern unbegreiflich. Dennoch werden viele weiterhin sagen: Eine Schöpfung jedenfalls, *„die Hypothese Gott wird dabei nicht gebraucht"*. Genau das soll Laplace auf Napoleons Frage nach der Rolle Gottes geantwortet haben, nachdem er seinem Kaiser das Sonnensystem erklärt hatte.

Kann man so achselzuckend dem Kern des Problems ausweichen? Als ob ein solches Multiversum in vier oder elf Dimensionen mit vielen verschiedenen Gesetzen in verschiedenen Teilen des Kosmos weniger wundersam wäre. Das Wunder bleibt! So oder so.

Der Taschenspieler (Grandville)

Der Philosoph, Mathematiker und neben Denis Diderot Herausgeber der wegweisenden „Encyclopédie" Jean Baptiste Le Rond d'Alembert (1717–1783) soll Kapitel 14 abschließen. Der Lehrer und Förderer von Laplace sagt in seiner „Entwicklung des Lebendigen":

> *„Jemandem, der das Universum von einem alles umfassenden Standpunkt aus zu erfassen vermöchte, würde die gesamte Schöpfung als eine einzige Wahrheit und Notwendigkeit erscheinen."*

15 … wo ist der Sinn?

Richtung – Ziel – Fortschritt

„Welche Religion ich bekenne?
Keine von allen, die du mir nennst!
Und warum keine?
Aus Religion."

(Johann Wolfgang von Goethe)

Es wird Zeit zur Bilanz. Fortschritt war nicht das Anliegen der christlichen Welt. In ihr war Unveränderlichkeit, Statik, Stabilität von Anbeginn an – die Schöpfung war doch gut, was sollte da eine Änderung? Heilserwartung war ihr Ziel. Das braucht geduldiges Warten, keinen Fortschritt.

Entwicklung und Fortschritt waren Ideen des säkularen, besonders des linken Denkens, das ja mit dem Status der Welt nie zufrieden war – nie zufrieden mit der Ungerechtigkeit des gesellschaftlichen Seins, die doch erst im Jenseits ausgeglichen werden sollte. Sollte – vielleicht!

Die Linken wollten Ausgleich im Diesseits und suchten den Fortschritt in der Entwicklung. So erklärte Karl Marx in einem Brief an Engels den Darwinismus zur *„naturgeschichtlichen Grundlage seiner Weltanschauung"*, auch wenn er den „Sozialdarwinismus" später verurteilte. Man erkannte eine **Richtung** in der Evolution, die herrliche Richtung des ständigen Aufwärts – man sah ein **Ziel**, die klassenlose Gesellschaft.

Wir sollten den Begriffen weiter nachgehen und zunächst nach dem Bescheideneren fragen: nach der Richtung. Eine Richtung ist erkennbar, nur wenn in zeitlich oder räumlich aufeinander folgenden Abschnitten gleiche oder ähnliche Änderungen beobachtbar sind. Ohne Richtung gibt es keinen Sinn.

Prüfen wir Evolution. In Sternen schließen sich einzelne Protonen und Neutronen zu Alphateilchen und diese zu Kernen immer schwererer Atome zusammen. Später entwickeln sich ursprünglich einzellige Organismen zu Vielzellern, und manche von diesen bilden dann Gruppen, aus denen die Menschheit hervorgeht, die sich jetzt im Prozess der Globalisierung befindet.

Insgesamt entstehen also im Laufe der Zeit immer größere Strukturen, die keine „Haufen", sondern Complexa sind, also weder chaotische noch völlig geordnete, aber sinn- bzw. funktionstragende Gebilde.

Man kann auf den verschiedenen Stufen jeweils die Anzahl der beteiligten Elementarpartikel abschätzen, die zu einer Ganzheit – einem Complexum – gehören, und dann die entsprechende Zahl (ein halblogarithmischer Maßstab ist dabei nötig) gegen den Zeitpunkt auftragen, an dem die Entwicklung unseres Planeten wohl erstmals ein solches Niveau erreicht hat.

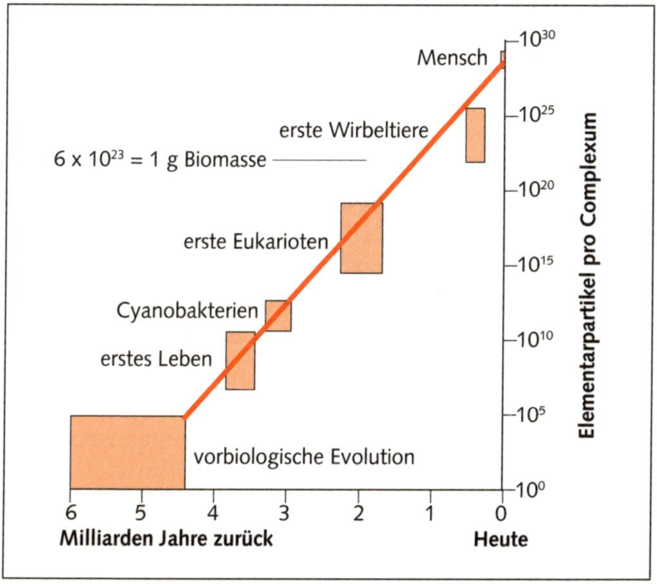

Das Diagramm des roten Fadens
Die Kästen geben die Unsicherheit in der Größe und der Zeit für das erste Auftreten von Complexa dieses Typs wieder.
Wachstum der Complexa im Laufe der Evolution

Aus dem Größenwachstum der Complexa in einem solchen „Diagramm des roten Fadens" lassen sich 50 bis 60 Millionen Jahre als deren mittlere Verdopplungszeit abschätzen.

Wenn man dies mit der Entwicklung der Complexa der Noosphäre vergleicht, zeigt sich für diese eine ungeheure Beschleunigung – ganz gleich, ob man die Zahl von Büchern, die Schnelligkeit von Computern, die Gesamtlänge aller Axonen eines Gehirns oder was auch immer als Vergleich heranzieht. Das bedeutet:

> Die Complexa unserer Welt wachsen nicht nur, sondern sie wachsen ungeheuer beschleunigt.

Wer könnte da noch bestreiten, dass Evolution insgesamt eine Richtung besitzt, nämlich zweifellos die des Wachsens der Complexa. Aber geht es nur um deren Größe, oder wächst dabei die Komplexität selbst? Ein Größenwachstum der Complexa ist ja noch keineswegs gleichbedeutend mit einem Anwachsen von deren Komplexität.

In einem einfachen Größenwerden der Complexa, etwa so:

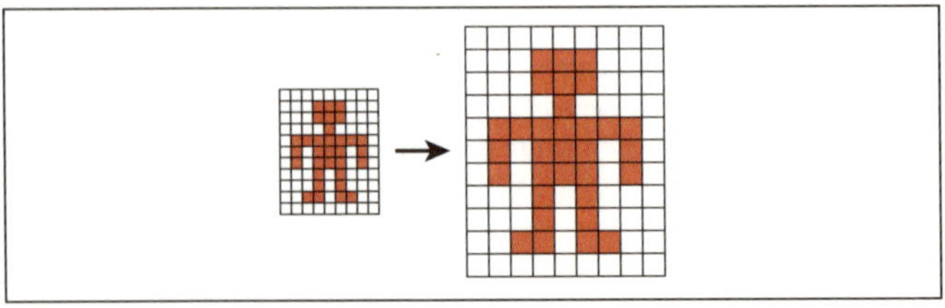

liegt noch kein Wachstum von Komplexität. Dieses ist von zweierlei Art: äußere und innere Complexification.

Die äußere sieht so aus:

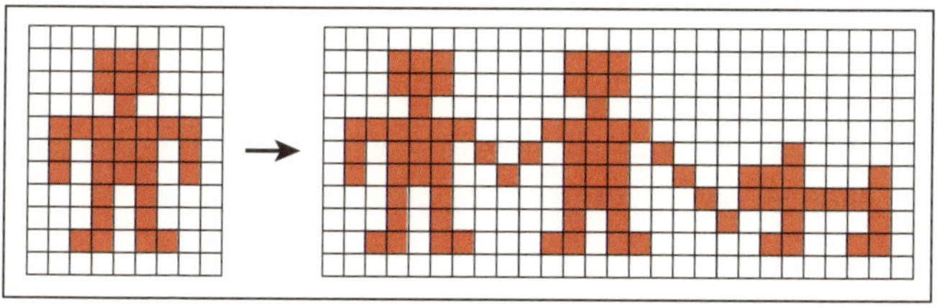

Komplexes fügt Komplexes hinzu, oft durch Integration.

Die innere dagegen etwa so:

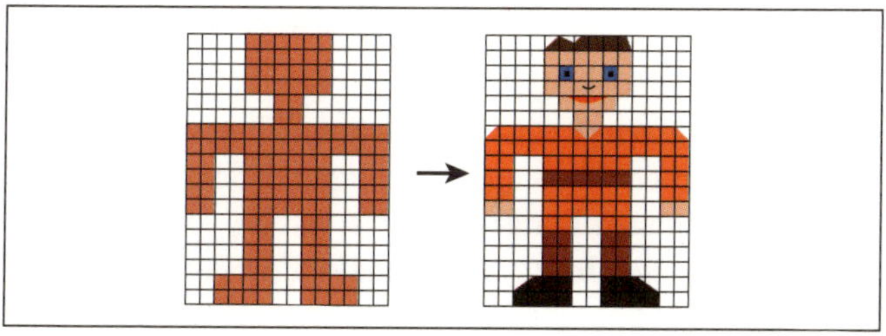

Zunächst gleiche Teile eines Complexums werden differenziert in unterschiedliche Teile, und/oder einzelne Teile werden weiter untergliedert und dabei ebenfalls weiter zu Verschiedenheit entwickelt. Komplexität wächst mit der Heterogenität, das heißt mit der Verschiedenheit der beteiligten Elemente und Relationen. Kurz: Bisher Einfaches wird komplizierter.

In der Evolution wird beides beobachtet. Zu Beginn ist schon die Verlängerung der DNA durch zugefügte Gene eine Complexification, später differenzieren sich die Zellen der Vielzeller. Solches gilt erst recht für die Zunahme der neuronalen Verknüpfungen in den wachsenden Gehirnen.

Folglich unser Resümee:

> Die Richtung der Evolution heißt: Komplexität wächst – und auch sie wächst offenbar beschleunigt.

Doch jetzt zur anspruchsvolleren Frage: Hat die Richtung der Evolution ein **Ziel**, also einen klar definierbaren Endpunkt? Richtungen können ein Ziel haben, „Richtung Peking", „Richtung Tod". Manchmal jedoch ist ein solcher Endpunkt nicht anzugeben, wie in „Richtung steigender Kosten" oder „Einwanderer zogen nach Westen".

Eine Entwicklung kann also ohne Zielpunkt, aber „gerichtet" sein. Man denke an das Wachstum von Bäumen. Dieses hat zwar die allgemeine Richtung „nach oben", doch manche Äste wachsen auch „seitwärts" und einige kleine gar „nach unten". Bei Sturm brechen Äste ab.

Genau so läuft auch Evolution.

Das Diagramm auf der nächsten Seite legt nahe, dass ein Monon Ziel jeder planetarischen Evolution sein könnte. Doch in der Hoffnung, dass nicht alle Mononen sich selbst zugrunde richten, muss man eine Fortsetzung der Entwick-

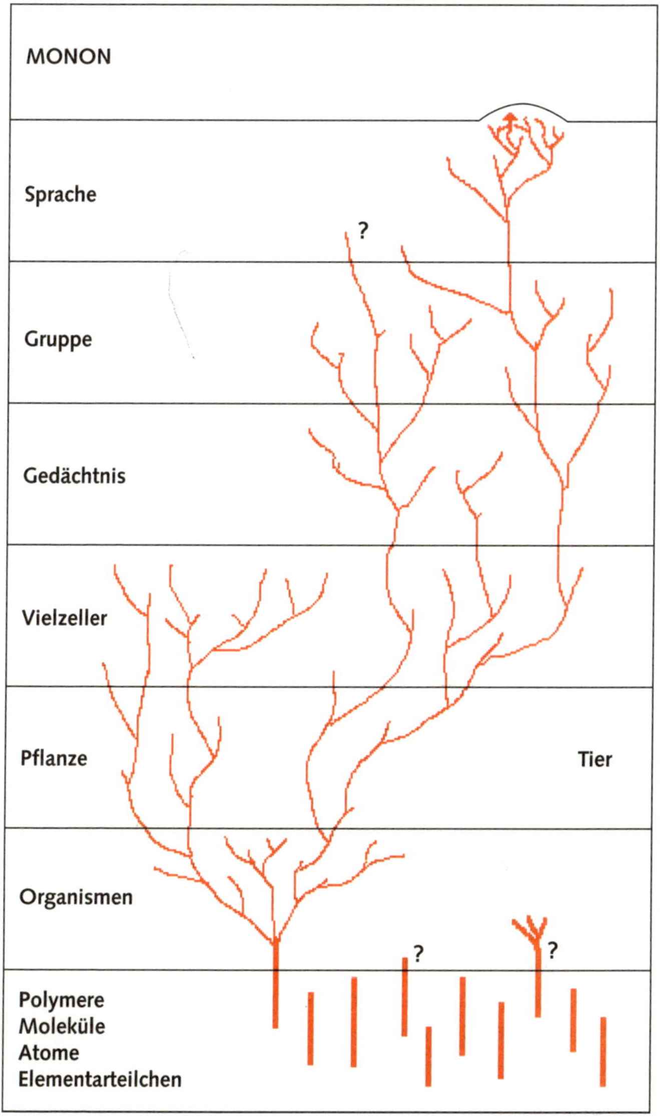
MONON
Sprache
?
Gruppe
Gedächtnis
Vielzeller
Pflanze
Tier
Organismen
?
?
Polymere
Moleküle
Atome
Elementarteilchen

lung erwarten. Da es keinen Hinweis auf ein absehbares Ende gibt, stützt sich Wissenschaft mit Ockham[1] auf Kontinuität, das heißt: weiter so wie bisher. Unser MONON ist danach weder Krone noch Endpunkt der Evolution des Universums.

Doch viele, nicht nur religiös Orientierte, halten den Menschen für das Ziel der Entwicklung, zumindest auf unserer Erde. Zweifellos ist der Mensch **heute** die Spitze der terrestrischen Evolution. Aber alle Vergangenheit zeigt, dass diese als Ganzes immer weiterlief, auch wenn es oft so aussah, als würde sie steckenbleiben.

Evolution ging stets weiter, obwohl alle Arten seit eh und je mit dem Risiko des Aussterbens leben. Warum sollte gerade mit uns – mit unserem Planeten – das Ziel, die „Spitze" erreicht sein? Wir sollten nicht so arrogant bzw. so pessimistisch sein, das zu erwarten. Eine so besonders geglückte Spitze wäre unser Modell doch wirklich nicht (Sündenfall, Sintflut – und sehen Sie sich den Zustand des Planeten an!). Es wäre sehr traurig, wenn **wir** das Ziel der Evolution sein sollten. Teilhard bezeichnet – im Schleier seiner Mystik – den **Punkt Omega** als das Ziel (sprich: oomegga – langes o, kurzes e –, der letzte Buchstabe im griechischen Alphabet). Das ist etwas sehr Spirituelles und genauso unbegreiflich wie der „Gott" des Thomas Aquinas.

Das Ziel der Evolution ist unerfassbar, und es wäre vermessen, zu glauben, das Ziel erkennen zu können. Vielleicht ist unendliches Wissen, vollendete Weisheit, vollkommene Harmonie das Ziel. Man wünscht, dass es etwas derartig Schönes sei, aber wir verstehen davon kaum mehr als Bakterien von Bausparkassen.

---

[1] Das „Rasiermesser" des Franziskanermönches Ockham (1285–1349) besagt, man solle nie umständliche Lösungen suchen, wenn es auch eine einfache gibt.

Unser Fazit heißt:
Anfang und Ziel der Evolution liegen in mystischer Unbegreiflichkeit.

Es bleiben die Fragen nach dem evolutiven **„Fortschritt“** bzw. die nach einer „Höher-Entwicklung“. Wenn damit ein Wertmaßstab gemeint sein soll, kann man nur sagen, dass die Naturwissenschaft derartig anthropomorphe Begriffe nicht benutzt. Ist damit jedoch ein Schritt im Sinne und in Richtung der allgemeinen Entwicklung gemeint, dann wird Fortschritt gleichbedeutend mit Complexification.

Von Fortschritt sollte man nur sprechen mit der gleichzeitigen Ergänzung „in Bezug auf“. Wenn das fehlt, sind Missverständnisse unvermeidlich.

Um diese Frage des Fortschritts ist unter Philosophen und unter Naturwissenschaftlern schon lange heftig gerungen worden. Zitieren wir einige ihrer Aussagen zu Fortschritt und Richtung der Evolution und beginnen wir mit den beiden Patriarchen Charles Darwin und Alfred Russel Wallace:

> *„Nach langem Nachdenken kann ich mich nicht der Überzeugung entziehen, dass es keine angeborene Neigung zu einer Entwicklung in Richtung des Fortschritts gibt.“*
>
> (Charles Darwin, Brief an Alpheus Hyatt vom 4.12.1872, zit. nach Gould 1998, S. 169)

„Wir haben (...) schon so vollständige Beweise für eine fortschreitende Entwicklung erhalten, wie man sie vernünftigerweise erwarten kann."

(Alfred R. Wallace 1889, S. 409)

Und weiter:

„Im Laufe der Entwicklung klettert jedes Tier seinen Stammbaum empor."

(Thomas H. Huxley)

„Auch wenn wir keine Absicht in der Evolution entdecken, wir können eine Richtung erkennen – die Linie des evolutionären Fortschritts."

(Julian Huxley)

„Wir wissen (…), dass es nicht so etwas gibt wie das alte Aristotelische Fortschreiten vom Einfachen und Unvollkommenen zum Komplexen und Vollkommenen."

(George G. Simpson)

„Die evolutionären Veränderungen waren keineswegs nur in eine Richtung orientiert (...), und das Konzept eines Hauptstroms oder einer Hauptlinie des Evolutionsfortschritts ist künstlich."

(George G. Simpson)

„Die Auswirkung der natürlichen Auslese, die bei Tieren zum strukturellen und funktionellen Fortschritt führte, hat auch den wissenschaftlichen und zivilisatorischen Fortschritt bedingt."

(Bernhard Rensch)

„Die Indizien für eine zielstrebig gelenkte Evolution verschwinden mit zunehmenden Kenntnissen."

(Gerhard Heberer)

„Das Universum trug weder das Leben, noch trug die Biosphäre den Menschen in sich. Unsere ‚Losnummer' kam beim Glücksspiel heraus."

(Jacques Monod)

„Wir können unsere Annahme, Evolution müsse Fortschritt beinhalten, als kulturell bedingtes Vorurteil entlarven."

(Stephen Jay Gould)

„Ich bin immer gut mit der Annahme gefahren, dass es keine grundsätzliche Zunahme an Komplexität im Laufe der Evolution gibt."

(Volker Sommer)

„Evolution ohne Fortschritt"

(ein Buchtitel, Wuketits 2009)

Amöbe: „Fortschritt? Hast du was von Fortschritt gemerkt?"

Haben so viele Biologen die eindeutige Richtung des Kosmos geleugnet, weil sie nicht erkennen konnten, wie ein Systemzwang den überall wirkenden Zufall in den Griff bekommen sollte? Oder liegen hier nur sprachliche Missverständnisse vor, verschiedene Begriffsinhalte? Redet man aneinander vorbei, weil niemand es für nötig hält, zunächst zu definieren, auf welchem Gebiet, in welcher Frage er den Fortschritt diskutiert? (Das mag jedoch auch meine Schuld sein, weil ich Zitate ja aus dem Zusammenhang reiße.) Oder sprechen diese Wissenschaftler gar nur von der Stammesentwicklung der sie gerade interessierenden Art, aber nicht vom kosmischen Gesamtprozess der Evolution? Vermutlich schwingt in manchen Sätzen auch eine unbewusste Abwehr mit, weil auf das Zugeständnis einer Richtung die Fragen nach deren Ursache und Ziel zu fürchten ist.

In vielen Texten spielen verwirrende, oft gar sinnverdrehende Adjektive eine Rolle. So wird etwa aus einem Satz, den man wohl noch vertreten könnte („*Eine kontinuierliche, langsame Vervollkommnung und Höher-Entwicklung hat offenbar nicht stattgefunden*"; Wuketits 2009, S. 154), mit weniger Wörtern die unakzeptable Aussage: „*Eine Vervollkommnung und Höher-Entwicklung hat nicht stattge-*

funden.“ Noch ein Beispiel: „Einstein glaubte nicht an einen persönlichen Gott“ – „Einstein glaubte nicht an Gott“. (Gibt es ein Fremdwort für Sinnverdrehung durch Hinzufügung oder Weglassen von Adjektiven?)

Wissenschaftler, die das Komplexitätswachstum leugnen, sagen, viele Lebewesen wie Bakterien seien doch seit Urzeiten unverändert. Richtig, absolut richtig, aber wir reden vom **Gesamtprozess** der Evolution, also von den jeweils zu jeder Zeit größten und leistungsfähigsten Complexa, also sozusagen von den **Komplexitätsrekorden.** Niemand sagt, dass alle Complexa ständig an Komplexität zunehmen würden. Im Gegenteil, es kann gelegentlich im Sinne der Sparsamkeit liegen, Komplexes auch einmal zu vereinfachen. Die gleiche Argumentation gilt auch für eine Höher-Entwicklung der Complexa, die in Jahrmillionen vor allem an den immer steigenden Fähigkeiten ihrer Gehirne deutlich wird. Wohl niemand wird bestreiten, dass die Leistungen von Reiz-Antwort-Systemen im Laufe der Evolution gewachsen sind.

Aber das heißt ja keineswegs, dass alle Complexa sich weiterentwickeln. Im Gegenteil, wohl die meisten sterben aus (vgl. Kap. 6). Bei manchen ist eine Komplexitätszunahme (Höher-Entwicklung) erst nach zahlreichen Generationen erkennbar. Bei vielen überhaupt niemals.

In ihrer Gesamtheit aber zeigt Evolution kontinuierlichen Fortschritt im stufenweisen Wachstum der Komplexität und der Information. Wer anderes sagt, sieht am Wesentlichen vorbei.

Wissenschaftlicher Fortschritt braucht Missverständnisse, lebt vom Widerspruch, verlangt die Herausforderungen der Kritiker. Das stimuliert alle Seiten zu klareren Argumenten. Aber auch wissenschaftlicher Fortschritt läuft ja nicht ständig auf allen Teilgebieten.

Trotz erkennbarer Richtung hat Evolution keinen vorgezeichneten Weg. Zufall wirft die Entwicklung hierhin oder dorthin. An jeder Stelle hat sie Abertausend Möglichkeiten der Veränderung. Doch viele sind nicht erlaubt. Alles Neue muss zu den Zufallsergebnissen der Vergangenheit passen, und Passendes im Zufall zu finden, dauert manches Mal eine Weile. Nur gelegentlich öffnet ein nächster erlaubter Zufallsschritt oder ein Wandel der Umwelt wieder ein Füllhorn neuer Möglichkeiten – zum Beispiel, wenn ein erstes Tier vor etwa 330 Millionen Jahren das feste Land betritt. So wächst Komplexität stufenweise in selbstbeschränkender Freiheit des Zufalls, eines Zufalls mit bedingten Wahrscheinlichkeiten.

Evolution musste also keineswegs zu Fischen, zu Reptilien, Vögeln und über Säugetiere zum Menschen führen – es könnten genauso gut auch Ronaten, Sabiten, Heffalumpe und Etis sein. Oder ganz fremde Welten wie diese von Grandville:

Andere Welten
(Grandville)

Andere Welten
(Grandville)

Aber sie würden – davon bin ich überzeugt – unter dem Systemzwang der Naturgesetze Sinnesorgane und Gehirne entwickeln und damit früher oder später schließlich den pythagoräischen Lehrsatz entdecken.

Worauf gründet sich solche Überzeugung?

Wenn man das Wachstum der Komplexität, die Eigenschaften der Elementarteilchen und des Wassers sieht, wenn man die Systemzwänge in aller Entwicklung erkennt, muss man über deren Ursachc rätseln.

Das Faszinierende an diesem Prozess ist,

- dass jedes Mal – von Stufe zu Stufe – eine neue, höhere Ganzheit entsteht, die geeignet ist, als Baustein für eine nächste Integrationsstufe zu dienen;

- dass sich immer wieder neue Systemzwänge einstellen, die trotz aller oder besser: mithilfe aller Zufälle die Hauptrichtung der Entwicklung fortführen;
- dass bei nur etwas geänderten Naturkonstanten Evolution nicht möglich gewesen wäre.

Das alles ist keineswegs selbstverständlich.

Soll das wirklich immer wieder nur glücklicher Zufall gewesen sein? Liegt diesem Universum nicht ein fundamentales Naturprinzip zugrunde? Metaphysische Gedanken drängen sich auf.

Das klingt nach Religiosität und passt daher vielen Naturwissenschaftlern nicht ins Weltbild. Bisher jedoch konnten sie in den Tiefen ihrer Physik keine Begründung für so viele Merkwürdigkeiten finden. Sie betonen den Zufall auf allen Stufen der Entwicklung, aber: Wie wahrscheinlich waren all diese Zufälle? War das Leben wirklich so ungeheuer unwahrscheinlich, wie Jacques Monod meinte? Trat es nicht sehr schnell nach der Abkühlung des Planeten auf? Und wurde nicht später, als mehrfach die Evolution steckenzubleiben drohte, immer wieder eine rettende Lösung gefunden? Katastrophen haben oft scheinbare Rückfälle gebracht, doch öffneten sie nicht stets zugleich Raum für einen neuen Durchbruch der Entwicklung, in der recht bald anschließende Systemzwänge auftraten?

Hätte der Zufall irgendwo besonders lange auf sich warten lassen, dann würde die Linie des roten Fadens eine deutliche breite Stufe zeigen. Einen solchen ausgesprochenen Wartepunkt scheint es niemals gegeben zu haben.

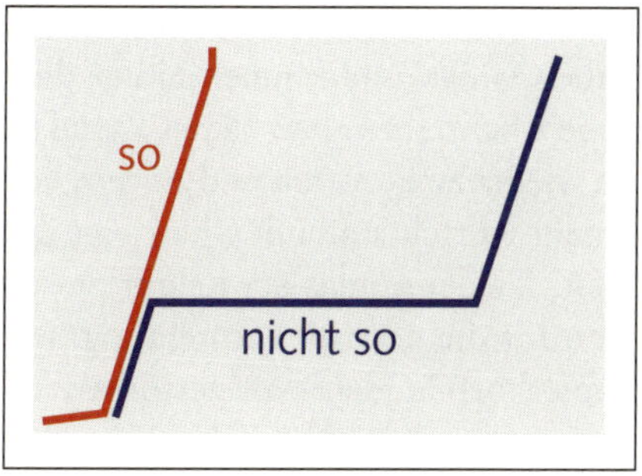

Fundamentalistisch religiöse Menschen argumentieren dagegen, eine solche Kette aus lauter erfolgreichen Zufällen sei nicht vorstellbar. Das wäre, als ob man einen Druckerkasten hinwürfe und das Chaos der Buchstaben hätte sich zum Text der 10 Gebote formiert. Oder als ob ein *„Wirbelsturm, der über einen Schrottplatz fegt, rein zufällig eine Boeing 747 zusammenbaut"* (Fred Hoyle in seinem Buch „Das intelligente Universum"). Einen echten, ehrlichen Würfel, der immer nur Sechsen würfelt, gebe es doch nicht. Richtig, wieder voll zugestimmt. Nur:

> Evolution war nicht einfach nur dauerndes Würfeln, sondern wurde auf jeder Stufe unterbrochen durch Selektion und Vermehrung.

Das ist ein Unterschied.

Stellen Sie sich vor, wir ließen eine Schulklasse würfeln und alle Kinder schrieben ihr Ergebnis auf. Jetzt kommt der Lehrer und betreibt **Selektion:** Er sammelt nur die Zettel mit den Sechsen ein, alle anderen wandern in den Papierkorb. Von den „Sechser-Protokollen" macht der Lehrer viele Kopien, die wieder verteilt werden. Jetzt wird noch einmal gewürfelt und auf den Zetteln protokolliert. Manche Kinder haben Glück und können hinter die erste 6 jetzt noch eine neue 6 schreiben. Nur deren Zettel sammelt der Lehrer, um sie wieder zu kopieren und zu verteilen. Jetzt kann jedes Kind erneut würfeln und mit Glück eine dritte 6 zu Protokoll nehmen. Wieder nimmt der Lehrer nur die Zettel mit einer neuen 6 für die nächste Vermehrung, während alle anderen im Papierkorb landen – ausgestorben ...

Und wieder und wieder: Würfeln – Selektion – Vermehrung – Würfeln – Selektion – Vermehrung ...

Niemand hat gemogelt – nur wirkliche Ergebnisse wurden aufgeschrieben, doch durch immer wieder dazwischengesetzte **Selektion und Vermehrung** haben alle Kinder jetzt Protokolle mit lauter Sechsen.

So war **Evolution** – echt, ehrlich!

Daran war nichts Wunderbares. Das anscheinend so intelligente Konzept, um das eigentlich Unmögliche zu erreichen („the intelligent design"), folgte zwingend aus der Methode des Vorgehens – es war nur der Zwang des Systems. Auch das „Wunder" der Evolution lag auf all ihren Stufen in dem ständigen Wechsel von Selektion und Vermehrung. Dafür verantwortlich waren allein die Eigenschaften der Natur. Das hatte nur wenig mit Würfeln zu tun. Das war **Systemzwang – im Zufall.**

Manfred Eigen und Erich Jantsch nannten es **Selbstorganisation.**

Gespaltene Menschheit: hier gläubiges Vertrauen – dort forschende Vernunft. Das Wesen der Religion ist blindes Annehmen göttlicher Wahrheit – das der Wissenschaft skeptisch-kritisches Hinterfragen ihrer Beschreibung der Welt.

Aber wissenschaftlich zu denken heißt nicht automatisch, Atheist zu sein.

Albert Einstein:

> *„Das Geschehen in der Natur scheint einen viel höheren Grad von gesetzlicher Gebundenheit zu zeigen, als in der von uns gedachten Kausalität liegt."*

Max Planck:

> *„Gott steht am Anfang der Religion und am Ende der Wissenschaft."*

Wer wissenschaftlich denkt, hat es nur schwer, an einen Gott zu glauben, an den zu liebenden, den zu fürchtenden, den vermenschlichten Gott, der mit der Hölle droht und den Himmel verspricht.

Wer wissenschaftlich denkt, hat es nur schwer, an einen Gott zu glauben, der dieses wunderbare Universum erschafft – all die herrlichen Pflanzen, Tausende Arten von faszinierenden Tieren – und dann daran geht, Abertausende von Plagegeistern, von Parasiten für seine Pflanzen und Tiere zu formen, etwas genauer:

- 1 500 Arten von verschiedenen Flöhen
- 3 500 Arten verschiedener Läuse
- 6 000 Arten von Milben und Zecken
- 30 000 Arten von Pflanzenläusen
- 100 000 Arten von Fliegen und Mücken

Von Viren und Bakterien ganz zu schweigen.

Ist das unser Gott oder der niemals durch Worte oder Bilder beschreibbare Schöpfer, der ein Universum in Existenz ruft, so großartig, dass es in der Lage ist, sich selbst zu entfalten – so vollendet, dass jeder spätere Eingriff überflüssig ist. Das ist keine neue Weisheit. Das haben schon viele gedacht, wie auch immer sie es genannt haben: Apeiron, Großes Sein, Deus sive natura, Ens Entium, causa prima, ALPHA, etwas Unfassliches, eine Unbegreiflichkeit im geistigen Horizont des Menschen, ein Urgrund, Boden und Ursache zugleich ...

Wenn man das Wesen der Complexification begreift, ist man versucht zu sagen: Dieses Werden der Welt zeigt, wohin das Universum gehen soll. Doch Vorsicht! Die Philosophen David Hume und G. E. Moore nennen einen solchen Schluss den naturalistischen Fehlschluss („naturalistic fallacy"). Man darf – so sagen sie – aus dem „Sein" niemals ein „Sollen" herleiten. Meine Frage: auch nicht aus dem Werden – aus dem erkennbaren Pfeil einer Richtung – aus dem offensichtlichen „Wollen" der Evolution?

Der Weg des Universums ist sichtbar: aus Chaos zum Kosmos zu wachsen. Damit gewinnt auch mein Leben einen Sinn. Ich darf, ich kann, ich soll Teil sein – Teil der Complexification des Universums.

Sinnvoll ist danach jedes Bemühen
um Toleranz und Vertrauen,
um Kooperation, Vernetzung und Harmonie,
um Überwindung von Angst und Gewalt.
Sinnvoll ist jede Verbreitung von Wissen.
Sinnvoll ist es – besonders sinnvoll –, anderen zu helfen, das Wesen des Universums zu begreifen.
Das ist der Auftrag.
Und wenn Sie noch ein wenig mehr Pathos ertragen:
Gesetze der Natur,
Eigenschaften der Materie
lassen Galaxien und Sonnensysteme,
lassen Leben, Denken, Gefühle entstehen.
Unbegreifliches steht am Anfang,
wirkt in allem Geschehen
und bleibt doch im Verborgenen, ist niemals Person.
Alpha ist der Grund –
der Grund aller Evolution.

Mehr Worte machen es nicht klarer.

Literatur

Aristoteles. Metaphysik. Ditzingen: Reclam 1986.

Behrends E. Introduction to Markov Chains. Wiesbaden: Vieweg 2000.

Bresch C. Zwischenstufe Leben. München, Zürich: Piper 1977.

Bresch C, Hausmann R. Klassische und molekulare Genetik. Berlin, Heidelberg: Springer 1973.

Breuer R. Das anthropische Prinzip. München: Meyster 1981.

Brunner E. Natur und Gnade. 2. Aufl. Tübingen: Mohr 1935.

Bruno G. Über das Unendliche, das Universum und die Welten. Ditzingen: Reclam 1994.

Carter B. Large number coincidences and the anthropic principle in cosmology. In: Longair MS (ed). Confrontation of Cosmological Theories with Observational Data. Dordrecht: D. Reidel 1974.

Chambers R. Vestiges of the Natural History of Creation. London: John Churchill 1844.

Cramer F. Chaos und Ordnung. München: DVA 1988.

Daecke SM, Schnakenberg J (Hrsg). Gottesglaube – ein Selektionsvorteil? Gütersloh: Gütersloher Verlagshaus 2000.

Darwin C. The Origin of Species by Means of Natural Selection. London: John Murray 1859.

Darwin C. The Descent of Man, and Selection in Relation to Sex. London: John Murray 1871.

Darwin E. Temple of Nature. Baltimore: John W. Butler 1804.

Dawkins R. The Selfish Gene. Oxford: Oxford University Press 1976.

Dawkins R. Der Gotteswahn. Berlin: Ullstein 2007.

d'Alembert JB. Entwicklung des Lebendigen. In: Oeuvres, Paris 1751–1780

Eigen M, Winkler R. Das Spiel. München, Zürich: Piper 1975.

Erben HK. Leben heißt Sterben. Hamburg: Hoffmann und Campe 1981.

Goodall J. The Chimpanzees of Gombe. Harvard University: Belknap Press 1986.

Gould SJ. Zufall Mensch. München: Hanser 1991.

Gould SJ. Illusion Fortschritt. Frankfurt a. M.: S. Fischer 1998.

Gribbin J, Rees M. Ein Universum nach Maß. Basel: Birkhäuser 1991.

Hausmann R. Die Entdeckung des Lebens. Stuttgart: Wissenschaftliche Buchgesellschaft 2009.

Heberer G. Homo – unsere Ab- und Zukunft. München: DVA 1968.

Henderson LJ. Die Umwelt des Lebens. München: J. F. Bergmann 1914.

Herder JG. Ideen zur Philosophie der Geschichte. 4 Teile. Stuttgart: J. G. Müller 1784/91.

Hoyle F. Das intelligente Universum. Frankfurt a. M.: Umschau 1989.
Jantsch E. Die Selbstorganisation des Universums. München: Hanser 1979.
Kant I. Grundlegung zur Metaphysik der Sitten. Stuttgart: Reclam 1961.
Krause E. Erasmus Darwin. Leipzig: Ernst Günthers 1880.
Kroeber AL, Kluckhohn C. Culture. London: Vintage Books 1952.
Lamarck J. Histoire naturelle des végetaux. Paris: 1803.
Leibniz GW v. Die Theodizee (Essais de théodicée). 2 Bde. Frankfurt a. M.: Suhrkamp 2009.
Ludwig W. Das Rechts-Links-Problem. Berlin, Heidelberg: Springer 1932.
Lützeler H. Philosophie des Kölner Humors. Dortmund: Peters 1954.
Malthus T. Principle of Population. Encyclopaedia Britannica 1824.
McCosh J. The Religious Aspect of Evolution. New York: G. P. Putnam Sons 1888.
Mehren G. Schafe wie Du und ich. Freiburg i. Br.: Rombach 1992.
Monod J. Zufall und Notwendigkeit. München, Zürich: Piper 1970.
Münsterberg H. Die Willenshandlung. Freiburg i. Br.: Mohr 1888.
Nicolai GF. Die Biologie des Krieges. Zürich: Orell Füssli 1917.
Osche G. Evolution. Reihe studio visuell. 10. Aufl. Freiburg i. Br.: Herder 1979.
Pahl W. Umdenken statt Apfelbäumchen pflanzen. Bramsche: Rasch & Röhring 1993.
Paley W, Paxton J, Ware J. Natural Theology: or, Evidences of the Existence and Attributes of the Deity, Collected From the Appearances of Nature. Boston: Lincoln & Edmands 1829.
Pitman W, Ryan W. Sintflut. Bergisch Gladbach: Gustav Lübbe 1999.
Ray J. The Wisdom of God, manifested in the Works of the Creation. London: R. Harbin 1690.
Rees M. Just Six Numbers. London: Weidenfeld & Nicolson 1999.
Rees M. Hatte Gott eine Wahl? München: C. H. Beck 2003.
Reichenbach H. Modern Philosophy of Science. London: Routledge & Kegan Paul 1959.
Rensch B (Hrsg). Handgebrauch. Affen, Frühmenschen. Bern: Hans Huber 1968.
Rensch B. Gedächtnis, Begriffsbildung bei Tieren. Berlin: Paul Parey 1973.
Rensch B. Das universale Weltbild. Frankfurt a. M.: Fischer Taschenbuch 1977.
Rensch B. Gesetzlichkeit, psycho-physischer Zusammenhang, Willensfreiheit und Ethik. Berlin: Duncker und Humblot 1979.
Rensch B. Probleme genereller Determiniertheit. Berlin: Paul Parey 1988.

Rottschalk G. Das Feuertier. Berlin: Kinderbuchverlag 1976.
Ruse M. Darwinism Defended. München: Addison-Wesley 1982.
Skinner BF. Die Funktion der Verstärkung. München: Kindler 1969.
Smolin L. Warum gibt es die Welt? München: C. H. Beck 1999.
Smuts JC. Die holistische Welt. Berlin: Metzner 1938.
Sommer V. Die Affen. Hamburg: GEO im Verlag 1989.
Sommer V. Lob der Lüge. München: C. H. Beck 1992.
Speakman JC. Molecules. New York: Mc Graw-Hill 1966
Spinoza. Die Ethik. Wiesbaden: Marix Verlag 2007.
Sykes B. Die sieben Töchter Evas. Bergisch Gladbach: Bastei Lübbe 2001.
Teilhard de Chardin P. Der Mensch im Kosmos. München: C. H. Beck 1959.
Teilhard de Chardin P. Die Entstehung des Menschen. München: C. H. Beck 1961.
Teilhard de Chardin P. Die Zukunft des Menschen. Freiburg i. Br.: Walter 1963.
Vogt C. Natürliche Geschichte der Schöpfung. Wiesbaden: Vieweg 1851.
Wallace AR. Der Malayische Archipel. Braunschweig: Westermann 1869.
Wallace AR. Beiträge zur Theorie der Natürlichen Zuchtwahl. Erlangen: Eduard Besold 1870.
Wallace AR. Creation by law. Quarterly Journal of Science 1876; 10: 471–88.
Wallace AR. Darwinism. London, New York: MacMillan & Co. 1889.
Wallace AR. Darwinismus. Wiesbaden: Vieweg 1891.
Wallace AR. Man's Place in the Universe: A Study of the Results of Scientific Research in Relation to the Unity or Plurality of Worlds. London: Chapman & Hall, Ltd. 1903.
Wuketits FM. Evolution ohne Fortschritt. Aschaffenburg: Alibri 2009.
Ziehen T. Erkenntnistheorie. Jena: G. Fischer 1934, 1939.

Danksagung

Dieses Buch erscheint im Auftrag und mit Unterstützung der gemeinnützigen Stiftung „Mensch und Tier“ (Freiburg). Es ist eine gänzlich neu gestaltete und wesentlich erweiterte Neuauflage meines 1977 und 1979 im Piper Verlag (München) erschienenen Buchs „Zwischenstufe Leben“.

Es verdankt sein Erscheinen der energischen Stützung von Dr. Manfred Neumann und Prof. Dr. Manfred Spitzer. Auf der Verlagsseite haben Dr. Wulf Bertram, Dr. Petra Mülker und Volker Drüke alle Wege geebnet.

Viele Freunde, vor allem Daniel Harnasach und Manfred Neumann, haben in zahlreichen kritischen Gesprächen wichtige fachliche Beiträge geleistet.

Auch die rücksichtsvolle Geduld einer Ehefrau verdient den umfassenden Dank des Autors.

Carsten Bresch

Sach- und Personenverzeichnis

X

Y

Z